中等职业教育中餐烹饪专业系列教材

中餐烹饪制作

主　编　余德平　骆剑华　李小华
副主编　贾　晋　刘阳明　马鸿雁

重庆大学出版社

内容提要

本书一方面着力于理论与实践相结合，强调实践教学的重要性。着重实践教学，便于学生理解和掌握中式烹调技艺的基本方法，训练学生的基本技能，适合当前我国初中级技能人才的培养。另一方面，注重理论对实践的指导作用，具体谈怎么做，让读者懂得和熟悉、熟练菜肴制作的基本过程，进而能够举一反三，拓展菜肴的制作思路。

本书内容包括中餐厨房管理、冷菜烹调技艺、热菜烹调技艺、甜菜烹调技艺、地方风味菜肴、装盘技艺、筵席制作技艺、初中级从厨者职业能力拓展领域8个项目。其中，厨房管理和初中级从厨者职业能力拓展领域部分，重点让学生了解厨房的功能，各功能性厨房应有哪些工作岗位，各岗位应具体做些什么。通过在各工作岗位掌握好技艺后，能充分看到未来的发展前景，会更加热爱自己所选择的职业。而冷菜、热菜、甜菜、风味菜、菜肴装盘、筵席制作6个项目为该教材的主体。风味菜肴部分则重点介绍我国传统菜肴和具有代表性的地方风味菜。

图书在版编目(CIP)数据

中餐烹饪制作 / 余德平，骆剑华，李小华主编. —重庆：重庆大学出版社，2016.8 (2023.8重印)
中等职业教育中餐烹饪专业系列教材
ISBN 978-7-5624-9793-6

Ⅰ.①中… Ⅱ.①余…②骆…③李… Ⅲ.①中式菜肴—烹饪—中等专业学校—教材 Ⅳ.①TS972.117

中国版本图书馆CIP数据核字(2016)第104354号

中等职业教育中餐烹饪专业系列教材
中餐烹饪制作
主　编　余德平　骆剑华　李小华
副主编　贾　晋　刘阳明　马鸿雁
策划编辑：沈　静
责任编辑：杨　敬　　版式设计：博卷文化
责任校对：张红梅　　责任印制：张　策
*
重庆大学出版社出版发行
出版人：陈晓阳
社址：重庆市沙坪坝区大学城西路21号
邮编：401331
电话：(023) 88617190　88617185(中小学)
传真：(023) 88617186　88617166
网址：http://www.cqup.com.cn
邮箱：fxk@cqup.com.cn(营销中心)
全国新华书店经销
中雅(重庆)彩色印刷有限公司印刷
*
开本：787mm×1092mm　1/16　印张：13.5　字数：337千
2016年8月第1版　　2023年8月第3次印刷
印数：4 001—5 000
ISBN 978-7-5624-9793-6　定价：59.00元

前言

为认真贯彻《国务院关于大力推进职业教育改革与发展的决定》，加强对职业教育工作的领导和支持，以就业为导向改革与发展职业教育逐步成为社会共识，职业教育规模进一步扩大，服务经济社会的能力明显增强。2014年6月23—24日，全国职业教育工作会议在京召开。中共中央总书记、国家主席、中央军委主席习近平就加快职业教育发展作出重要指示。习近平强调，职业教育是国民教育体系和人力资源开发的重要组成部分，是广大青年打开通往成功成才大门的重要途径，肩负着培养多样化人才、传承技术技能、促进就业创业的重要职责，必须高度重视、加快发展。习近平总书记指出，要树立正确人才观，培育和践行社会主义核心价值观，着力提高人才培养质量，弘扬劳动光荣、技能宝贵、创造伟大的时代风尚，营造人人皆可成才、人人尽展其才的良好环境，努力培养数以亿计的高素质劳动者和技术技能人才。要牢牢把握服务发展、促进就业的办学方向，深化体制机制改革，创新各层次各类型职业教育模式，坚持产教融合、校企合作，坚持工学结合、知行合一，引导社会各界特别是行业企业积极支持职业教育，努力建设中国特色职业教育体系。要加大对农村地区、民族地区、贫困地区职业教育支持力度，努力让每个人都有出彩的机会。习近平要求各级党委和政府要把加快发展现代职业教育摆在更加突出的位置，更好地支持和帮助职业教育发展，为实现“两个一百年”奋斗目标和中华民族伟大复兴的中国梦提供坚实人才保障。为了进一步贯彻落实习总书记就加快发展职业教育作出的重要指示，适应全面建设小康社会对高素质劳动者和技能型人才的迫切要求，促进社会主义和谐社会建设，原有的中职教学模式和教材已经越来越不适应现代教学的需求。作为庞大的中等职业教育体系，急需合适的指导教材，该教材正是在满足这一方面需求的基础上编写的。

《中餐烹饪制作》是遵循社会的不同需求、不同层次、不同岗位，充分为中等实用性人才的培养而编写的，使初中级技能人才学有所教、教有所能、能有所用。本书旨在传授中国烹调技艺的基本知识和实践内容，着重传授具体技艺的基本技法。

本书一方面着力于理论与实践相结合，强调实践教学的重要性。着重于实践教学，便于学生理解和掌握中式烹调技艺的基本方法，训练学生的基本技能，适合当前我国初中级技能人才的培养。另一方面，注重理论对实践的指导作用，具体谈怎么做，懂得和熟悉、熟练菜肴制作的基本过程，进而能够举一反三，拓展菜肴的制作思路。本教材内容简洁，力求易学易懂。学生学习思路清晰，一目了然，对技术的掌握，事半功倍。

本书内容包括中餐厨房管理、冷菜烹调技艺、热菜烹调技艺、甜菜烹调技艺、地方风味菜肴、装盘技艺、筵席制作技艺、初中级从厨者职业能力拓展领域8个项目。其中厨房管理和初中级从厨者职业能力拓展领域部分，重点让学生了解厨房的功能、各功能性厨房应有哪些工作岗位、各岗位具体应做些什么事情。通过在各工作岗位掌握好技艺后，能充分看到未来的发展前景，并会更加热爱自己所选择的职业。冷菜、热菜、甜菜、风味菜、菜肴装盘、筵席制作6个项目为本书的主体，风味菜肴部分则重点介绍我国传统四大菜肴和充分具有代表性的地方风味菜。

本书是一门注重实践性的教材，需要学生在学习、实践过程中，充分掌握菜肴制作的步骤和基本技能，善于思考、善于总结，写好实训报告，更进一步加强对知识的巩固、延续、发展。

本书由余德平、骆剑华、李小华担任主编，负责全书所有项目的编写与统稿，由贾晋、刘阳明、马鸿雁任副主编。具体编写工作分工如下：余德平负责项目1、项目8，骆剑华、李小华共同负责项目3、项目6。李小华负责项目4，贾晋负责项目2、项目5目标教学1，刘阳明负责项5目标教学2至目标教学4，马鸿雁负责编写项目7。另外，本书在编写过程中，得到了地方风味菜肴餐厅“轩豪酒楼”董事长谷德彬的大力支持，也参考了许多前辈及同仁的文献资料，在此深表感谢。

由于编者水平有限，书中难免存在错误和不当之处，敬请烹饪行家和广大读者批评指正。

编　者

2016年5月

目　录

项目4　中餐甜菜烹调技艺

项目5　地方风味菜肴

项目6　中餐装盘技艺

项目7　筵席制作技艺

项目8　初、中级从厨者职业能力拓展领域

项目 1

中餐厨房管理

【教学目标】

★了解厨房的种类。
★了解中餐厨房的设计。
★了解中餐厨房的管理制度。

【知识延伸】

★酒店经营与管理。
★酒店组织结构。
★餐饮服务业基本理论。

目标教学1.1　中餐厨房基本知识

1.1.1　厨房的种类

1）厨房的概念

厨房，是指可在内准备食物并进行烹饪的场所。本书所指的厨房是以经营为目的，为宾客服务而进行菜肴制作的场所。

厨房的必备要素包括专业从厨人员、专业从厨设备、符合条件的空间及场所、烹饪原料、可供烹调的能源等。

2）厨房的种类

①按厨房的生产功能划分。包括加工厨房（中心厨房、切配中心）、宴会厨房、零点厨房、冷菜厨房、面点厨房、咖啡厅厨房、烧烤厨房、快餐厨房。

②按厨房规模划分。包括大型厨房、中型厨房、小型厨房、微型厨房。

③按餐饮风味类别划分。包括中餐厨房、西餐厨房、风味菜肴厨房。

【想一想】

① 厨房的定义是什么？

②厨房有哪几种分类？按生产功能可划分为哪些厨房呢？

1.1.2 了解中餐厨房的设计

1）中餐厨房设计的要求

中餐厨房的设计应根据整个餐饮经营场所所处的地理位置，厨房生产的具体情况，科学、合理地进行设计和布局，以减少厨房浪费，降低成本，方便管理，提高工作质量，提高生产效率和减少员工的无用劳作。在设计和布局时应注意以下几个方面：

①要保证厨房烹饪工艺流程的通畅、连续，避免回流现象。

②同一厨房的生产协作部门应安排在同一区域内，尽量缩短厨房与餐厅的距离。

③要充分考虑厨房的营销功能。

④厨房设备设施尽可能兼顾到功能的多样性。

⑤投资费用。

2）影响厨房设计布局的因素

①厨房的主要生产功能。

②厨房的建筑格局和规模大小。

③厨房场地的投资费用。

④厨房的能源供应情况。

⑤厨房所需的生产设备。

⑥厨房的布局是否符合国家的法律法规。

3）中餐厨房设计的卫生要求

厨房的卫生关系到宾客身体的健康，在设计和布局时，应严格按照我国食药监局的整体要求管理，但又要有利于生产。

①厨房内的各工作领域必须严格分开。

②卫生间要远离菜品加工区域。

③菜品加工区域要和备餐区域严格分开。

④符合通风排烟与清洗的卫生要求。

⑤排污系统设计合理，避免对厨房卫生造成影响。

【想一想】

①中餐厨房的设计要求有哪些？

②中餐厨房设计的卫生要求有哪些？

1.1.3 中餐厨房管理制度

俗话说：“国有国法，家有家规，没有规矩不成方圆。”厨房作为餐饮企业的核心生产区域，必定要有相应的制度，才能确保本区域的各项生产有序进行。中餐厨房管理是否到位，直接关系到宾客的身体健康、企业发展的兴衰。因此，当前中餐厨房管理，不能单纯依赖人性化管

理，还必须要有制度管理，作为企业生存和发展的保证。要求每一个从厨者都必须掌握厨房工作人员的仪容仪表要求，同时遵照执行。

1）厨房仪容仪表要求

①上班时须穿戴工作服帽，在规定位置佩戴工作证件。

②上班时间须穿工作鞋，不得穿拖鞋、雨鞋、凉鞋等。

③工作服应保持干净整洁，不得用其他饰物代替纽扣。

④工作服只能在工作区域或相关地点穿戴，不得穿着工作服进入作业区域之外的地点。

⑤必须按规定围腰系带操作，不得拖曳。

2）厨房考勤制度

厨房必须要有一个良好的考勤管理制度，这是餐饮业正常经营的保证。任何从厨者都必须严格遵守，不然厨房将管理混乱，餐饮业也无法正常经营。考勤制度如下所示：

①厨房工作人员上、下班时，必须打考勤，严禁代人或委托人代打考勤。

②穿好工作服后，应向组长或厨师长报到或总体点名。

③根据厨房工作需要，下班后加班的厨师留下，不加班的厨师应离开工作地。

④上班时应坚守工作岗位，不脱岗、不串岗，不做与工作无关的事。

⑤因病需要请假的员工应向管理者办理准假手续并出示医院开出的有效证明，因不能提供相关手续或手续不符合规定者，按旷工或早退处理。请假应写请假条书面备案。

⑥需请事假的，必须提前一日办理事假手续，经管理者批准后方有效，未经批准的不得无故缺席或擅离岗位。电话请假一律无效。

⑦根据工作需要，需延长工作时间的，经领导同意，可按加班或计时销假处理。

⑧婚假、产假、丧假按酒店员工手册的有关规定执行。

⑨本制度适用于厨房的所有员工。

3）厨房卫生管理制度

加强餐饮服务食品安全，是餐饮行业从业者必须掌握并需严格按照食品药品监督管理局要求，认真地执行。餐厅卫生状况的好坏，能充分反映出经营者的管理水平和经营面貌，直接关系就餐者的身体健康。只有将厨房的每一环节做好，才能充分杜绝“病从口入”的现象发生。

餐饮业的厨房，都挂有《厨房卫生管理制度》，它对厨师个人及所用到的设施设备、工艺流程、储藏盒食物处理等各个环节都有细致的要求，最终达到保证消费者饮食卫生、身体健康的目的。以下要求，是厨房工作者需严格执行的：

①厨房烹调加工食物时用过的废水必须及时排除。

②地面天花板、墙壁、门窗应坚固美观，所有孔、洞、缝、隙应予填实、密封，保持整洁，以免蟑螂、老鼠躲藏或进出。

③定期清洗抽油烟设备。

④应特别注意清扫工作厨台、橱柜下内侧及厨房死角，防止残留食物腐蚀。

⑤食物应在工作台上操作加工，并将生熟食物分开处理，刀、菜墩、抹布等必须保持清洁、卫生。

⑥食物应保持新鲜、清洁、卫生，于清洗后分类用保鲜盒盛装好，分类储放冷藏区或冷冻区。切勿将食物在常温中暴露过久。

⑦凡易腐败的食物，应储藏在0 ℃以下的冷藏容器内，熟食与生食应分开储放，防止食物间串味。

⑧调味品应以适当容器装盛，使用后随即加盖盖紧。所有器皿及菜点均不得与地面或污垢接触。

⑨应备有密盖污物桶、潲水桶，潲水最好及时清除，不在厨房隔夜。如需要隔夜清除，则应用桶盖隔离。潲水桶四周应经常保持干净。

4）验收、入库管理制度

在采购物资到货之后，就要对采购原料进行严格的验收。如果只对餐饮原料的采购进行控制，而忽视验收这一环节，往往会使对采购的各种控制措施前功尽弃。供应商在发货时会有意无意地超过订购量，或缺斤短两，或质量不符合餐厅的要求，高于或低于采购规格；账单上的价格也往往与商定的价格大有出入。因此，验收管理是餐饮管理和成本控制中不可缺少的重要环节。验收、入库制度如下：

①核对凭证，严格按照进货单验收实物。

②核对品名、规格等级、出产日期、保质期，做到精确无误。

③通过眼、鼻、口、舌、手等感官对原料进行验收，以杜绝腐烂变质、伪劣原料入库。

④数量验收必须准确，凭单点数、论斤过称，贵重的原料应验收到最小计量单位。

⑤严格遵守食品药品监督管理局管理办法，杜绝对人体有害无利的添加剂入库。

⑥库房分类保管，建立账卡，经常按标准检查库存原料的情况，正确处理验收入库中的问题。库存原料应采取先进先出、勤进快销的原则进行出库处理。

⑦验收人员必须坚持原则，秉公验收，不图私利，严格按验收程序完成原料验收工作。

5）厨房防火安全制度

厨房引起火灾的主要因素：大量堆积易燃油脂，煤气炉未及时关闭，煤气漏气，电器设备未及时切断，电源或超负荷用电，炼油时无人值守等。

防火安全制度如下：

①发现电气设备接头不牢或发生故障时，应立即报修，修复后才能使用。

②不能超负荷使用电气设备。

③各种电器设备在不用时或用完后应切断电源。

④易燃物储藏应远离热源。

⑤每天清洗净残油脂。

⑥炼油时应专人看管，烤食物时不能着火。

⑦煮锅或炸锅不能超容量或超温度使用。

⑧每天清洗干净炉灶并确保抽油烟机滤网干净。

⑨下班关闭所有能源开关。

【想一想】

①厨房工作者要注意的卫生情况有哪些？

②厨房防火要注意哪些方面？

目标教学1.2 中餐厨房岗位能力标准

在家里做过饭菜的人都清楚，要做好一桌饭菜不是听别人说一说、看一篇菜谱就行的。还需要实践，饭菜质量才会一次比一次更好。那么，作为酒店的行政总厨、厨师长、部门厨师组长、主干厨师，也不是简单地学习几个月、一两年就行的。常言道："烹饪是文化、烹饪是艺术、烹饪是科学。"从厨者，烹饪也。厨师工种，是一项技术工种，它需要从厨者在学习、工作、生活中积累经验，不怕苦、不怕累、勤于思考、敢于动手，永远拥有一种"干一辈子，学一辈子"的心态，再加上良好的人品，才能成为一名优秀的厨师、厨师长、行政总厨。

俗话说："万丈高楼平地起。"那么，一名优秀的厨师、厨师长、行政总厨是怎样走过来的呢？那需要从厨者脚踏实地，从基础一步一步地刻苦学习。首先，要对厨房的整体情况有一个细致的了解。一般中餐厨房分为"四大领域十八岗位"，分别是行政总厨、厨师长、炉子组长、炉子厨师、炉子厨工、墩子组长、墩子厨师、墩子厨工、冷菜组长、冷菜厨师、冷菜厨工、面点组长、面点厨师、面点厨工、荷王、荷工、食品雕刻师、食品雕刻工。工作领域不同、岗位不同，工作任务和所具备的能力要求也不同。以下岗位能力标准着重针对中职学生、技校学生到校学习烹饪。要求这类学生不能好高骛远，能够准确地自我定位，找到自己的位置。

具体岗位能力标准见表1-1~表1-12。

1.2.1 目标教学基础 1

表1-1 中餐厨房冷菜厨师（二冷）岗位能力标准

工作领域及岗位	工作任务	职业能力
冷菜厨师（二冷）	1.1 主冷助手	1.1.1 能自觉协助主冷工作，完成主冷安排的任务，保证冷菜档运转正常 1.1.2 能协助主冷管理冷菜厨工 1.1.3 能暂时顶替主冷工作
	1.2 食材细加工	1.2.1 能按标准加工处理好各种冷菜食材 1.2.2 能确保加工过程中的卫生质量 1.2.3 能做到各种刀工、成形均符合出品要求
	1.3 备料调味	1.3.1 能按标准备齐味料 1.3.2 能按标准加工调、辅料 1.3.3 能按味料标准调制出味正适口的味型 1.3.4 能坚持做到实料试味或直接试味
	1.4 烹调及制作冷菜	1.4.1 能熟练烹调和制作冷菜 1.4.2 能根据不同食材控制火候 1.4.3 能制作非火力冷菜
	1.5 冷菜装盘、拼盘及盘饰	1.5.1 能运用各种盘形装盘冷菜 1.5.2 能装出多种款式的冷菜 1.5.3 能进行改刀装盘 1.5.4 能恰当地为冷菜衬以盘饰 1.5.5 有一定的自制拼盘及盘饰的技巧
	1.6 督促厨工开餐和打烊收捡	1.6.1 厨房用具洁净后放置到位，砧板必须立放 1.6.2 督促厨工们清洁好地面，擦拭干净四壁 1.6.3 督促将调味缸、各种卤汁和红油等分别清洁和收捡 1.6.4 检查水电气是否安全、开启紫外线灯、关闭门窗、锁门离开

1.2.2 目标教学基础2

表1-2 中餐厨房冷菜厨工岗位能力标准

工作领域及岗位	工作任务	职业能力
冷菜厨工	2.1 厨师助手	2.1.1 能听从安排，做好厨用具清洁卫生工作 2.1.2 能适时关闭紫外线灯 2.1.3 磨好刀具，放平砧板，准备开工 2.1.4 能协助清点所进食材是否到齐
	2.2 熟悉各种工具、用具	2.2.1 熟悉冷菜制作工具的名称、用途和使用方法 2.2.2 能正确掌握各种设施、设备的用途及使用方法 2.2.3 能了解及运用各种冷菜模具
	2.3 原料领取	2.3.1 能正确认识各种原料，了解其不同的品质特征 2.3.2 能按要求准确、及时地完成领料、备料工作
	2.4 原料初加工	2.4.1 了解各种原料的初加工方法 2.4.2 会运用正确的加工方法进行原料初加工 2.4.3 各种原料达到加工标准
	2.5 开餐准备和收捡工作	2.5.1 能及时做好开档前的各种准备工作 2.5.2 能及时地清洁和处理各种用具 2.5.3 能正确地做好收档工作

1）隶属关系

①直接上司：冷菜组长。

②直接下属：冷菜厨工。

2）冷菜厨师、厨工基本素质

①基本条件：热爱本职工作，有良好的职业道德。

②自然条件：品行端正，身体健康，无传染性疾病。

③文化程度：初中及以上文化程度，受过专业培训。

④工作经验：厨工具备1.5年从厨经验，厨师具备两年冷菜经验。

3）冷菜岗位工作概要

了解并熟悉冷菜岗位职能，熟知制作冷菜的各种器具的使用方法，能合理使用原料，保持冷菜间的清洁卫生。

4）冷菜岗位职责

①冷菜厨师在冷菜组长的领导下，负责冷菜的加工制作。

②根据预订情况及主管安排，准备原料及用具。

③按菜品的选料标准和操作程序选料加工，配制冷菜。

④根据菜谱需要制作各种冷盘，做到图案新奇、造型美观、配色精巧、细腻协调。

⑤综合利用食品原料，定量、定质、按价配制，减少损耗、降低成本。

⑥负责工作区域的卫生，保持厨具清洁光亮。

⑦负责所用厨具、器具、设备的维护保养。

⑧当班结束后，做好交换班工作；营业结束后，做好收尾工作。

⑨完成组长交派的其他工作。

1.2.3　目标教学基础 3

表1-3　中餐厨房热菜二炉岗位能力标准

工作领域及岗位	工作任务	职业能力
二炉	3.1 协助头炉	3.1.1 能自觉协助头炉工作，完成头炉安排的任务，保证炉子正常运转 3.1.2 能协助头炉管理尾炉 3.1.3 能暂时顶替头炉工作
	3.2 开餐前准备	3.2.1 检查或备好原调料 3.2.2 对原料进行初加工 3.2.3 能协助头炉进行高档菜品餐前初加工
	3.3 菜品烹饪	3.3.1 精确烹制菜品（使用各种烹调技术，包括烧、烩、煸、炒、炸、煨等烹制中高档菜品） 3.2.2 指点三炉烹制菜品
	3.4 技术指导	3.4.1 指导三炉以下炉子技术 3.4.2 按标准烹制菜品
	3.5 收餐管理	3.5.1 检查收市工作 3.5.2 指导存放调料

1.2.4　目标教学基础 4

表1-4　中餐厨房热菜尾炉岗位能力标准

工作领域及岗位	工作任务	职业能力
尾炉	4.1 开餐准备	4.1.1 原料初加工 4.1.2 调料准备 4.1.3 准备炉子所需用具
	4.2 菜品初加工	4.2.1 原料调味初加工 4.2.2 原料烹制并调味 4.2.3 协助其他炉子初加工 4.2.4 特殊材料初加工
	4.3 菜品烹饪	4.3.1 基础菜品烹饪（一般小煎、小炒类，汤菜类） 4.3.2 配合各炉子烹饪菜品 4.3.3 烹饪时蔬 4.3.4 烹饪基础菜品 4.3.5 掌握标准菜品的特色、特点、操作过程
	4.4 收餐管理	4.4.1 能协助各炉子进行收餐工作 4.4.2 收餐处理 4.4.3 检查收餐工作 4.4.4 检查水、电、气关闭情况

1）隶属关系

①直接上司：热菜组长。

②直接下属：二炉以下岗位，含尾炉。

2）热菜厨师、厨工基本素质

①基本条件：热爱本职工作，有良好的职业道德。

②自然条件：品行端正，身体健康，无传染性疾病。

③文化程度：初中及以上文化程度，受过专业培训。

④工作经验：厨工具备两年从厨经验，厨师具备3年热菜经验。

3）热菜岗位工作概要

了解并熟悉热菜岗位职能，熟知热菜的各种器具使用方法，能合理使用原料，保持热菜间的清洁卫生。

4）热菜岗位职责

①热菜厨师在热菜组长的领导下，负责热菜的加工制作。

②根据预订情况及主管安排，准备原料及用具。

③按菜品的选料标准和操作程序选料加工，制作热菜。

④熟练掌握炉头技能，精通煎、炸、炒、扒、烧、焖、煮、烩、熘、炖等烹调工艺，熟悉各类菜式的工艺要求并能熟练操作。

⑤负责工作区域的卫生，保持厨具清洁光亮。

⑥严格遵守消防操作规程，定期组织检查煤气管道开关、炉头、消防器具，做好防火安全工作。

⑦当班结束后，做好交换班工作。营业结束后，做好收尾工作。

⑧完成组长交派的其他工作。

1.2.5 目标教学基础 5

表1-5 中餐厨房二墩岗位能力标准

工作领域	工作任务	职业能力
二墩	5.1 协助头墩	5.1.1 协助头墩工作 5.1.2 暂时顶替墩子工作
	5.2 切配原料	5.2.1 鉴别货源产地、季节、出成率、加工方法 5.2.2 将原料加工成形，配制筵席 5.2.3 合理应用刀法 5.2.4 合理计划货源
	5.3 创新时令菜品	5.3.1 创新时令菜 5.3.2 指导下面岗位工作

1.2.6 目标教学基础 6

表1-6 中餐厨房尾墩岗位能力标准

工作领域	工作任务	职业能力
尾墩	6.1 切配原料	6.1.1 运用各种刀工技法切配各种原辅料 6.1.2 配制一般筵席和散餐
	6.2 腌制原材料	6.2.1 制作生、熟馅料和腌制原料 6.2.2 腌制姜芽、咸菜等
	6.3 协助上面岗位工作，指导下面岗位工作	6.3.1 协助头墩和二墩管理冷柜 6.3.2 协助准备筵席菜单 6.3.3 完成砧板日常工作 6.3.4 指导水台工作

1）隶属关系

①直接上司：墩子组长。

②直接下属：二墩以下岗位，含尾墩。

2）墩子厨师、厨工基本素质

①基本条件：热爱本职工作，有良好的职业道德。

②自然条件：品行端正，身体健康，无传染性疾病。

③文化程度：高中及以上文化程度，受过专业培训。

④工作经验：厨工具备两年从厨经验，厨师具备3年墩子经验。

3）墩子岗位工作概要

根据菜品烹调要求，熟练运用刀工技术，将原料加工成所需的各种形状。干净利落、整齐美观，充分做到物尽其用。保持墩子周边区域的清洁卫生。

4）墩子岗位职责

①墩子厨师在墩子组长的领导下，负责墩子的加工制作。

②根据预订情况及主管安排，准备原料及用具。

③按菜谱的标准和工作程序，做好菜单菜肴的加工切配工作。

④正确使用、储藏食品原材料。

⑤协助验收、领进食品原材料。

⑥做好切配食品工作台及周边区域的环境卫生，严把食品卫生质量关，做好食品安全工作。

⑦当班结束后，做好交换班工作；营业结束后，做好收尾工作。

⑧完成组长交派的其他工作。

1.2.7　目标教学基础7

表1-7　中餐厨房打荷工岗位能力标准

工作领域	工作任务	职业能力
打荷工	7.1 开收档	7.1.1 能正确掌握开、收档时间，开档所需原料 7.1.2 与同事沟通，随时补充所缺原材料 7.1.3 做好上菜前的准备和菜肴造型工作 7.1.4 开关卫生工作灯
	7.2 协助头荷工作	7.2.1 临时顶替头荷 7.2.2 能进行初步原料热处理工作（如滚、煨、爆等） 7.2.3 清理后锅岗和荷台岗的环境卫生
	7.3 管理餐具	7.3.1 准备菜品餐具 7.3.2 处理餐具卫生 7.3.3 收捡餐具及消毒

1）隶属关系

①直接上司：荷王。

②直接下属：无。

2）荷工基本素质

①基本条件：热爱本职工作，有良好的职业道德。

②自然条件：品行端正，身体健康，无传染性疾病。

③文化程度：高中及以上文化程度，受过专业培训。

④工作经验：厨工具备两年从厨经验。

3）打荷岗位工作概要

打荷主要包括调料添置、料头切制、菜料传递、分派菜肴给“炉灶”烹调；辅助炉灶厨师进行菜肴烹调前的预制加工，如菜料的上浆、挂糊、腌制，清汤、毛汤的吊制；餐盘准备、盘饰、菜肴装盘；辅助炉灶厨师进行各种调味汁的配制等。

4）打荷岗位职责

①负责菜肴烹制前传递和烹制后的美化工作。

②备齐每餐所需餐具并保持整洁。

③按上菜和出菜顺序及时传送、切配以及烹制的原料和菜肴。

④提前为烹制好的菜肴准备适当的器皿。

⑤配合炉灶师傅出菜，保证菜肴整洁、美观。

⑥严格遵守食品卫生制度，杜绝变质菜肴。

⑦随时保持工作区域卫生和个人卫生。

⑧完成上级交办的其他工作。

1.2.8 目标教学基础 8

表1-8 中餐厨房水台岗位能力标准
（小型餐馆由墩子兼做）

工作领域	工作任务	职业能力
水台（水案）	8.1 饲养各种禽畜、海鲜、河鲜等	8.1.1 熟悉各种禽畜、海鲜、河鲜等习性 8.1.2 主动学习各种禽畜、海鲜、河鲜等的饲养方法 8.1.3 调制海鲜养殖海水 8.1.4 环境消毒
	8.2 宰杀各种禽畜、海鲜、河鲜等	8.2.1 正确宰杀各种禽畜、海鲜、河鲜 8.2.2 按要求做好宰杀后的初加工工作 8.2.3 起货率符合要求 8.2.4 妥善保管原料
	8.3 初加工	8.3.1 协助墩子做好大型原料初加工工作

1）隶属关系

①直接上司：头墩。

②直接下属：无。

2）水台基本素质

①基本条件：热爱本职工作，有良好的职业道德。

②自然条件：品行端正，身体健康，无传染性疾病。

③文化程度：高中及以上文化程度，具有吃苦耐劳、积极向上的精神。

④工作经验：厨工具备两年从厨经验。

3）水台岗位工作概要

中餐厨房特殊工种，负责各种禽畜、海鲜、河鲜等的饲养、屠杀及清洗工作。帮助厨师预备材料。

4）水台岗位职责

①负责家禽、水产品、野味等原料的初加工工作。

②对每天所需的家禽、水产品等原料进行宰杀、拔洗、去鳞、去内脏等工作，再冲洗干净。

③根据菜肴要求对原料进行规范加工。

④负责本岗位设备工具的保养和维修工作。

⑤负责将初加工的原料及时送入下道工序或入库保鲜。

⑥随时保持本岗位及卫生包干区的清洁卫生。

⑦完成上级交办的其他任务。

1.2.9 目标教学基础9

表1-9 中餐厨房上什（蒸锅）岗位能力标准

工作领域	工作任务	职业能力
上什（蒸锅）	9.1 熬煮	9.1.1 上汤、二汤
	9.2 中高档原料涨发	9.2.1 涨发、煲制燕、鲍、翅、参、肚等动植物中、高档原料
	9.3 煲汤	9.3.1 鸽子、鸡鸭类 9.3.2 煲制“例汤”
	9.4 蒸制菜肴	9.4.1 扣、烧、扒菜肴定型

1）隶属关系

①直接上司：厨师长。

②直接下属：无。

2）上什（蒸锅）基本素质

①基本条件：热爱本职工作，有良好的职业道德。

②自然条件：品行端正，身体健康，无传染性疾病。

③文化程度：高中及以上文化程度，具有吃苦耐劳、积极向上的精神。

④工作经验：厨工具备3年从厨经验。

3）上什（蒸锅）岗位工作概要

上什，又叫“蒸锅”或“笼锅”，工作共分为三大类。

①干货涨发，诸如鲍参翅肚、燕菜雪蛤、各色干菌均从此处发起。

②煲炖汤水，凡老火靓汤、滋补炖品皆由其料理。

③焖烧蒸扣，平常所见如芽菜烧白、清蒸全鱼等为其所属。

4）上什（蒸锅）岗位职责

①在厨师长的领导下负责泡发干货鲍鱼、鱼翅等高档食品，保证出品质量。

②协助制定上什岗位职责、服务标准、操作程序，掌握各岗位的员工业务水平及专长，合理安排工作岗位，确定上什的正常工作。

③协助制定餐厅菜单、出品价格，合理使用原材料，减少浪费，严格控制成本、费用，保持良好的毛利。

④收集客人对菜品的建议，不断改进菜品口味、菜品质量，联系厨师长调整菜品价格，使其合理。

⑤熟练掌握各种烹饪技术，熟悉蒸、煲、炖、煨等食品的制作工艺，帮助下属员工提高业务水平，组织大型、重要的食品出品。

⑥检查厨房的卫生情况，保证食品卫生、员工个人卫生、环境卫生，把好卫生质量关。

⑦定期对设施设备进行检查、保养。检查天然气开关、炉头、消防设备，做好防火工作。

⑧完成厨师长、行政总厨布置的其他工作。

1.2.10 目标教学基础 10

表1-10 中餐厨房面点厨师（中工）岗位能力标准

工作领域	工作任务	职业能力
面点厨师（中工）	10.1 组长助手	10.1.1 协助主管领导全面生产管理 10.1.2 正确使用各种设施设备 10.1.3 熟练掌握各种烹制方法及技能 10.1.4 做好各种原料及半成品的保管工作
	10.2 面团调制及制皮	10.2.1 协助组长调制出各种面团 10.2.2 协助组长选用各种果蔬原料制皮 10.2.3 协助组长选用不同工具、不同面团制作不同标准的面皮
	10.3 馅心调制	10.3.1 能完成制陷原料的精加工 10.3.2 能完成各种甜馅的调制 10.3.3 能完成各种咸馅的调制 10.3.4 能正确对各种馅料进行妥善保管
	10.4 成型加工	10.4.1 能运用正确的手法制作不同形状的点心加工初胚（型） 10.4.2 能使用各种成型工具进行点心成型加工 10.4.3 会运用不同的模具进行定型处理（浆类原料）
	10.5 成熟加工	10.5.1 能正确把握火候进行成熟加工 10.5.2 能选用正确的熟制方法进行成熟加工
	10.6 原料加工及管理	10.6.1 了解各种原料性质、产地及加工、保管法 10.6.2 能用正确方法对原料进行加工 10.6.3 会加工各种原料并达到加工标准

1.2.11 目标教学基础 11

表1-11 中餐厨房面点厨工岗位能力标准

工作领域	工作任务	职业能力
面点厨工	11.1 熟悉各种工具、用具	11.1.1 熟悉制作面点的工具的名称、用途和使用方法 11.1.2 能正确掌握各种设施、设备的用途及使用方法 11.1.3 能了解及运用各种点心模具
	11.2 原料领取	11.2.1 能正确认识各种原料，了解其不同的品质特征 11.2.2 能按要求准确及时地进行领料、备料工作
	11.3 原料初加工	11.3.1 了解各种原料的初加工方法 11.3.2 会运用正确的加工方法进行原料初加工 11.3.3 初加工各种原料使其达到加工标准
	11.4 协助厨师制作部分产品	11.4.1 会部分面团调制及制皮 11.4.2 会部分馅心的制作 11.4.3 会运用蒸、烤、炸、煎等方法对生坯进行加工
	11.5 开餐准备和收捡工作	11.5.1 能及时做好开档前的各种准备工作 11.5.2 能及时地清洁和处理各种用具 11.5.3 能正确地做好收档工作

1）隶属关系

①直接上司：面点组长。

②直接下属：无。

2）面点岗位基本素质

①基本条件：热爱本职工作，有良好的职业道德。

②自然条件：品行端正，身体健康，无传染性疾病。

③文化程度：高中及以上文化程度，具有吃苦耐劳、积极向上的精神。

④工作经验：厨工具备两年从厨经验。

3）面点岗位工作概要

能够运用中国传统或现代的成型技术和成熟方法，对面点的主料和辅料进行加工，制成具有中国风味的面食或小吃。

4）面点岗位职责

①熟练掌握点心制作技能，能制作中式点心、部分西式点心及花式点心等。

②掌握不同的季节原材料及使用情况，能及时更换新的花色品种。

③仪表仪容端庄，遵守各项规章制度。

④根据客情，负责拟订当日和隔天原料的计划，报面点组长批准。

⑤负责点心间机械设备的维护、保养与添置工作。

⑥熟悉成本核算，注意节约原料，避免浪费。

⑦努力学习理论知识，不断提高业务水平，做好安全卫生工作。

⑧做好设备、工用具的卫生清洁，搞好包干区的卫生清洁。

1.2.12　目标教学基础 12

表1-12　中餐厨房食品雕刻师岗位能力标准

工作领域	工作任务	职业能力
食品雕刻师	12.1 食品雕刻历史	12.1.1 食品雕刻的历史及发展 12.1.2 食品雕刻的意义 12.1.3 食品雕刻的选料
	12.2 食品雕刻类型	12.2.1 简易食品雕刻 12.2.2 复杂食品雕刻 12.2.3 大型食品雕刻
	12.3 雕刻工具	12.3.1 雕刻工具的选择、磨制 12.3.2 雕刻工具的正确使用与灵活运用 12.3.3 雕刻工具的保养
	12.4 主题雕刻	12.4.1 命题雕刻 12.4.2 限料雕刻，合理运用原材料 12.4.3 雕刻手法和艺术修养的体现
	12.5 食品雕刻创意	12.5.1 紧扣主题，立意新颖 12.5.2 时尚健康，积极向上 12.5.3 形态逼真，赋予生命 12.5.4 中西结合，夸张适度

续表

工作领域	工作任务	职业能力
食品 雕刻师	12.6 展台设计	12.6.1 内容吉祥，富有寓意 12.6.2 围绕主题，展开创作 12.6.3 用料合理 12.6.4 设计符合档次要求 12.6.5 展台的台型美观、合理 12.6.6 展台的用光技巧

[想一想]

①中式面点岗位的基本素质有哪些?

②蒸锅的岗位职责包含哪些内容?

③打荷工种的基本职责有哪些内容?

④墩子工种的基本素质包含哪些内容?

中餐冷菜烹调技艺

【教学目标】

★了解中餐冷菜的特点。

★了解中餐冷菜的不同成菜形式。

【知识延伸】

★中餐筵席的组合形式。

★冷菜制作过程中初步熟处理的方法。

目标教学2.1 中餐冷菜的特点

1）冷菜的定义

冷菜，又叫冷盘、冷拼、凉菜，是相对“热菜”而言的食用时温度较低的一类菜肴。由于其风味独特、品种多样而自成一格。

2）冷菜的特点

冷菜作为一种独立的成菜形式，大致具有以下特点：

①冷菜冷食，不受温度所限，搁久了滋味不会受到影响。适合酒桌上宾主边吃边饮，以此达到相互交谈的目的，是理想的饮酒佳肴。

②在筵席中，冷菜常以第一道菜入席，很讲究装盘工艺，素有“脸面”之称。它那优美的形、色，对整桌菜肴的评价有着一定的影响。

③冷菜由于风格风味多种多样、自成一格，可独立成席。例如，冷餐、宴会、鸡尾酒会等宴会形式就主要由凉菜组成。

④冷菜一般都具有无汁无腻等特点，便于携带。在旅途中食用不需加热，也不一定依赖餐具。

⑤注意营养，讲究卫生。凉菜不仅要做到色、香、味、形俱美，同时还要更加注意各种菜之间的营养元素及荤、素调剂，使制成的菜肴符合营养卫生的要求，增进人体的健康。

⑥在制作上一般是先烹调，后刀工。

⑦以丝、条、片、块为基本单位来组成菜肴的形状，形式有单盘、拼盘以及工艺性较高的花鸟图案冷盘之分。

⑧冷菜在调味时强调“入味”，或是附加食用调味品等。正确掌握冷菜的味型和烹调方法，对于保证冷菜质量和丰富冷菜品种，具有重要意义。

3）冷菜的成菜形式

冷菜主要分为热制冷食和冷制冷食两大类。

①热制冷食是在制作时，调味、预加热同时进行，也常使用与热菜相似的炸、烤、蒸、煮、卤等烹调方法。制成的菜肴先晾凉，然后再切配、拼盘食用。这样烹制的菜肴具有酥、软、干、香的特点，让人回味悠长。

②冷制冷食是在制作菜肴时，只调不烹，即不加热，通过调味来制作冷菜。此法适用的原料仅限于少部分植物性原料及有严格卫生保证的动物性原料，如拌、泡、冻等类的菜肴。

【想一想】

冷菜的特点有哪些?

目标教学2.2 拌类菜肴

2.2.1 拌类菜肴基础知识

拌是冷菜常用的烹调方法之一，是将生料或晾冷的熟料加工成小型的丝、丁、片、条等形状，再加入所需的调味品，调制成菜的烹调方法。

拌菜按其操作方法、成菜形式，分为拌味汁、淋味汁、蘸味汁3种。

1）拌味汁

拌味汁是指把按要求调制好的味汁放入切好的原料中拌匀、装盘。运用此种方式的特点是原料与味汁拌匀入味，调味的浓淡容易掌握，但造型较差。

（1）工艺流程

选料加工→拌制前处理→选择拌制方式→装盘调味。

（2）操作要领

①原料的加工整理要得当。可生食的原料必须洗净，凡是需要熟处理的原料必须根据原料的质地和菜肴的质感要求掌握好火候。

②调味要准确合理，各种拌菜使用的调料和口味要有其特色。

③应现吃现拌，不宜久放。

（3）成菜特点

①香气浓郁、鲜醇不腻、清凉爽口。

②用料广泛、味型多样。

③汤汁较少。

2）淋味汁

淋味汁是将经过熟处理后的原料，晾冷后进行刀工处理装盘，在临走菜时将事先调好的味汁，淋入装盘的原料上即成。这种方式的特点是原料装盘造型好，但对调味要求难度大，装盘时不宜装得过多。

3）蘸味汁

蘸味汁是将经初加工或初步熟处理后的原料，经刀工处理后装盘，走菜时再将事先调制好的味汁放在味碟内一同上桌，由客人自蘸自食。这种方式的特点是装盘造型好，客人对味的选择性大，但调味汁的用量较大。

【想一想】

凉拌菜的形式有哪些?

2.2.2 拌类菜肴范例

菜例 2.2.1 花仁拌兔丁

“花仁拌兔丁”是四川的传统凉菜，四川较为著名的品牌是“二姐兔丁”。这款凉菜以兔丁和花生仁为主料，并配以多种调味品制作而成，具有色泽红亮、肉质细嫩、花仁酥脆、鲜香麻辣的特点。（图2.1）

图2.1 花仁拌兔丁

（1）成菜标准要求

色泽红亮，肉质细嫩，咸、鲜、麻、辣，香味浓郁。

（2）器具准备

①盛装器皿：大号圆盘。

②炉灶：燃油或燃气炒菜灶。

③炊具：炒勺、双耳炒锅。

（3）原料

①主料：水盆兔肉1 000 g。

②辅料：盐酥花生仁50 g，葱丁100 g。

③调料：郫县豆瓣50 g，豆豉茸15 g，酱油25 g，白糖15 g，辣椒油150 g，味精3 g，花椒油5 g，芝麻油5 g，食用油60 g。

（4）操作步骤

①将鲜嫩无血污的兔体用刀剖开胸腔，再砍开两腿，除去残肠与内脏。洗净后放入冷水或温水锅中，胸向下、背向上平放。用中火煮至兔肉刚熟，连同汤一起装入盆内，浸泡10分钟后捞出晾冷。

②锅置小火上，将剁细的郫县豆瓣放入锅内，加食用油炒至油呈红色，再加豆豉茸炒出香味起锅晾冷。最后，与酱油、白糖、味精、辣椒油、芝麻油调匀成味汁。

③锅置小火上，放入适量的盐和颗粒均匀、无杂质的花生，炒至花生酥脆时，筛去盐，去掉花生皮。

④将晾凉后的熟兔肉斩成约1.5 cm大的丁，葱切成约1.3 cm的丁待用。

⑤兔丁、葱丁、花生与味汁装在碗内拌匀，再放入花椒油，拌匀后装盘即成。

（5）操作要领

①煮兔掌握好火候，时间不宜长，以刚熟为佳。

②兔肉要晾冷后才斩成丁。

③现拌现食，不宜久放。

（6）食用建议

现拌现吃，更具风味。

（7）适用范围

中、低档筵席的冷碟。

（8）拓展菜肴

怪味兔丁、红油兔丁。

菜例 2.2.2　蒜泥白肉

“蒜泥白肉”是川菜中的一道传统名菜，白肉片大而薄，肥瘦相连、薄厚一致，因而十分考验厨师的刀工技术，以前不是每个餐厅都有此菜供应。如今随着科学技术的发展，高质量的食品切片机应运而生，通过切片机能够切出更高质量的肉片，进一步提高白肉的档次。但是，用切片机需要先将肉冻硬再切，出菜时需要解冻才能装盘，这样就可能破坏菜肴的原有风味。（图2.2）

（1）成菜标准要求

色泽红亮，蒜味浓郁，咸、鲜、微辣，略带甜味，肥瘦相连，肥而不腻。

（2）器具准备

①盛装器皿：大号圆盘。

②炉灶：燃油或燃气炒菜灶。

③炊具：炒勺、双耳炒锅。

图2.2　蒜泥白肉

（3）原料

①主料：带皮猪后腿肉250 g。

②辅料：黄瓜200 g，芝麻10 g。

③调料：精盐2 g，味精2 g，白糖4 g，酱油10 g，辣椒油25 g，香油5 g，蒜泥25 g。

（4）操作步骤

①将猪肉残毛去净，然后刮洗干净，放入锅内用中小火将猪肉煮熟（即将肉切开不见血），再用原汤泡大约20分钟。

②将后腿肉捞出用干净手帕吸干水分，用平刀法将肉片切成长约 10 cm、宽约 5 cm、厚约 0.15 cm 的大薄片，埋平装入盘内。

③将精盐、味精、白糖、酱油放入调料碗内，再放入辣椒油、香油，最后放入蒜泥调成蒜泥味汁浇在白肉上，再撒上芝麻即可。

（5）操作要领

蒜泥应该现制现做，用料要充足，才能体现出蒜泥的味道。

（6）食用建议

现拌现吃，更具风味

（7）适用范围

中、低档筵席的冷碟。

（8）拓展菜肴

蒜泥耳片、蒜泥黄瓜。

菜例 2.2.3　怪味鸡丝

此菜又名“棒棒鸡丝”，是源自四川乐山一带的风味小吃，后来传入成都，并深受老百姓喜爱。所谓“棒棒鸡丝”是指在调味之前用木棒将鸡肉拍松，使其更加容易入味，然后用手将鸡肉撕成粗丝，加以各种调味品调制而成。此菜具有色泽棕红，肉质细嫩；兼具咸、甜、麻、辣、酸、香、鲜的特点。（图2.3）

图2.3 怪味鸡丝

（1）成菜标准要求

色泽棕红，质地细嫩，兼具咸、甜、麻、辣、鲜、香各味，风味独特。

（2）器具准备

①盛装器皿：大号圆盘。

②炉灶：燃油或燃气炒菜灶。

③炊具：炒勺、双耳炒锅。

（3）原料

①主料：熟净鸡肉200 g。

②辅料：葱白20 g。

③调料：精盐1 g，味精1 g，白糖20 g，醋15 g，酱油20 g，辣椒油40 g，花椒粉2 g，芝麻酱20 g。

（4）操作步骤

①将葱白洗净，切成8 cm长的粗丝垫底。熟鸡肉轻敲两遍使其疏松，然后用手撕成8 cm长、0.4 cm粗的丝，装入垫有葱丝的盘内摆放整齐、均匀。

②将芝麻酱、酱油、白糖、精盐放入碗内，调散融化后加入醋、辣椒油、花椒粉、香油、味精充分调匀，淋在鸡丝上面，最后撒上熟芝麻即可。

（5）操作要领

①顺着鸡肉的纹路加工，才易成型。

②芝麻酱可以先用酱油稀释后再使用。

（6）食用建议

现拌现吃，更具风味。

（7）适用范围

中、低档筵席的冷碟。

（8）拓展菜肴

麻辣鸡丝、红油鸡丝。

菜例 2.2.4　酸辣荞面

荞面本是西北的食品，但由于其丰富的营养价值、良好的口感而深受全国人民喜爱。将焯好水的荞面与加有小米辣椒的酸辣味汁调和在一起，制成酸辣芥面，更受到了喜辣人士的推崇。（图2.4）

图2.4　酸辣荞面

（1）成菜标准要求

色泽红亮，咸、酸、香、辣，爽滑可口。

（2）器具准备

①盛装器皿：大号圆盘。

②炉灶：燃油或燃气炒菜灶。

③炊具：炒勺、双耳炒锅。

（3）原料

①主料：干荞面100 g。

②辅料：黄瓜50 g。

③调料：精盐3 g，味精2 g，酱油5 g，醋13 g，白糖2 g，香油5 g，小米椒20 g，小葱20 g，辣椒油30 g。

（4）操作步骤

①将干荞面放入沸水中煮熟，捞出后放进凉开水里透凉。黄瓜切成丝，葱切成葱花，小米椒切成碎粒一起备用。

②将黄瓜丝垫在盘底，将荞面均匀地放在黄瓜丝上面。

③将精盐、白糖、味精、酱油、醋放在碗内调化，再加入辣椒油、香油、小米椒调匀即成酸辣味汁。将味汁淋在荞面上，撒上葱花即可食用。

（5）操作要领

①荞面在煮制过程中，应适当点几次凉水，避免煳锅。煮好捞出后应立即透凉。

②酸辣味的味汁一定要稍微多一点，酸味运用应做到“酸而不酷”。

（6）食用建议

现拌现吃，更具风味。

（7）适用范围

中、低档筵席的冷碟。

（8）拓展菜肴

酸辣三丝、麻辣荞面。

菜例 2.2.5 麻辣土鸡

在四川这是一道家喻户晓的菜肴，用农家土鸡再加以麻辣味型，使菜肴麻辣浓郁，鸡块皮脆肉嫩，深受人们喜爱。在川菜馆内，这是一道不可或缺的经典菜肴。（图2.5）

图2.5 麻辣土鸡

（1）成菜标准要求

色泽红亮，麻、辣、鲜、香，皮脆肉嫩，回味无穷。

（2）器具准备

①盛装器皿：大号圆盘。

②炉灶：燃油或燃气炒菜灶。

③炊具：炒勺、双耳炒锅。

（3）原料

①主料：嫩土公鸡250 g。

②辅料：葱白100 g。

③调料：老姜10 g，精盐3 g，味精2 g，白糖6 g，酱油30 g，料酒5 g，花椒粉7 g，辣椒油60 g，白芝麻5 g，香油5 g。

（4）操作步骤

①将土鸡肉洗净，先在沸水中焯水去除血污，然后再放入清水中加姜、葱、料酒煮制。煮至刚熟，关火后将鸡肉泡在鸡汤中几分钟，捞出晾凉，待用。

②将葱白切成2.5 cm长的葱节垫底，将鸡肉斩成长5 cm、宽2 cm的长条，整齐地放在垫有葱白的盘内，摆成“三叠水”形。

③碗内放入盐、味精、白糖、酱油、花椒粉、辣椒油、香油调匀成麻辣味汁，将其淋在鸡块上，撒上熟白芝麻成菜。

（5）操作要领

①在煮鸡的过程中一定要用中小火进行煮制，切勿使用大火，煮至刚成熟即可。

②斩鸡时皮要朝上，下刀要准，使鸡块大小均匀、整齐划一。

③在调味时酱油的使用量一定要合适，避免成菜色泽过黑，也可以根据具体情况加入适量鲜汤调节菜肴的色泽。

（6）食用建议

现拌现吃，更具风味。

（7）适用范围

中、低档筵席的冷碟。

（8）拓展菜肴

麻辣鸡杂、红油鸡块。

【想一想】

①花仁拌兔丁有哪些操作要领？

②麻辣土鸡还可以变化成哪些菜品？

目标教学2.3　炝类菜肴

2.3.1　炝类菜肴基础知识

炝是指将具有较强挥发性物质的调味品，趁热直接加入经焯水、过油或鲜活的细嫩原料中，静置片刻使之入味成菜的烹调方法。在加热方式上，动物性原料以使用上浆滑油的方法为主，植物性原料一般采用焯水的方法。在调料的选择上，炝一般以具有挥发性物质的调料为主。

1）工艺流程

选料切配→初步熟处理→炝制调拌。

2）操作要领

①植物性原料在进行熟处理时一般使用焯水的方法，然后晾凉炝拌。动物性原料一般要上浆，即可滑油又可氽烫。

②原料在进行熟处理时应该注意其火候，一般断生即可，以免影响其口感。

③原料在熟处理后即可趁热炝制，也可晾凉炝制，但动物性原料以趁热炝制为好。

3）成菜特点

①色泽鲜艳，油滑明亮。

②脆嫩爽口。

③鲜香入味，风味独特。

2.3.2 炝类菜肴范例

菜例 2.3.1 炝腰花

图2.6 炝腰花

（1）成菜标准要求

口感脆嫩，咸鲜可口。

（2）器具准备

①盛装器皿：大号圆盘。

②炉具：燃油或燃气炒菜灶。

③炊具：炒勺、漏勺、双耳炒锅。

（3）原料

①主料：猪腰两只。

②辅料：豆芽200 g，姜米10 g。

③调料：蚝油20 g，蒜泥5 g，白糖50 g，生抽5 g，醋20 g，麻油5 g，花椒面5 g。

（4）操作步骤

①猪腰对剖成两半，批去腰臊，在腰子剖面上剞直刀，再斜片成大片，入凉水中浸泡半小时，漂尽血水后捞出；取一小碗，加入姜米、蒜泥、蚝油、白糖、生抽、米醋、麻油，兑匀成炝汁。

②锅中注水烧沸，投入花椒粒，接着下入腰片，烫约10秒钟，见腰片变色散成花状时，立即捞出来放入冰水中冰镇，随后沥水。

③另取容器，放入腰花，加入先前兑好的炝汁拌匀装盘即成。

（5）操作要领

①刀工要均匀，否则成熟度不一致。

②腰骚要取净，不然腥味太重。

（6）食用建议

现做现吃。

（7）适用范围

中、低档筵席。

（8）拓展菜肴

炝肉丝。

菜例 2.3.2　炝冬笋

冬笋味甘，性寒，《本草纲目拾遗》中说它有“利九窍，通血脉，化痰涎，消食胀”的作用，而且是减肥作用很强的食品。这主要是因为冬笋有丰富的植物纤维素，在体内不被吸收产热，可除体内热量集聚。纤维素在胃肠道停留的时间短暂，干扰了营养物的吸收，带走部分脂肪，有利于减肥。

（1）成菜标准要求

口味突出，色泽淡雅。

（2）器具准备

①盛装器皿：大号圆盘。

②炉具：燃油或燃气炒菜灶。

③炊具：炒勺、漏勺、双耳炒锅。

（3）原料

①主料：净冬笋300 g。

②辅料：胡萝卜末10 g。

③调料：酱油5 g，味精5 g，香油5 g，鲜笋汤100 g，姜末10 g。

（4）操作步骤

①将冬笋洗净、切片放入碗中，加鲜笋汤少许，上笼蒸约1小时取出，沥去汤汁。

②将酱油、味精、鲜笋汤加入锅中，烧热调成汁，浇在冬笋片上。撒上姜末、胡萝卜末，淋上香油，即可出锅成菜。

（5）操作要领

注意炝制温度。

（6）食用建议

晾凉后食用。

（7）适用范围

大众便餐。

（8）拓展菜肴

炝黄瓜。

菜例 2.3.3　炝莲藕

（1）成菜标准要求

口感清爽、口味清淡。

（2）器具准备

①盛装器皿：大号圆盘。

②炉具：燃油或燃气炒菜灶。

③炊具：炒勺、漏勺、双耳炒锅。

（3）原料

①主料：莲藕1节。

②辅料：红椒50 g，小青椒100 g，大葱20 g，姜15 g，大蒜10 g。

③调料：醋15 g，白糖10 g，盐5 g，味精5 g，花椒20 g，油50 g。

（4）操作步骤

①将莲藕削去外皮，切成薄片泡在清水中。大葱、姜、蒜都切成细丝，红椒切丝，小青椒切片。

②锅中倒入清水，大火煮开后放入莲藕片焯烫半分钟后捞出，放入冷水中浸泡，待冷却后捞出沥干摆入盘中。调入醋、白糖、盐、味精、葱、姜、蒜丝、红椒丝和小青椒片。

③食用油倒入汤勺中，放入花椒，开小火将油烧热，待花椒变成深荔枝皮色，油稍稍冒烟时，把火关掉。将花椒油淋在菜上即可。吃前，记得搅拌均匀。

（5）操作要领

①选用新鲜的莲藕。

②注意炝的火候及温度。

（6）食用建议

夏季食用。

（7）适用范围

大众便餐。

（8）拓展菜肴

炝瓜条。

菜例 2.3.4　炝芹菜

此菜对于痛风患者有一定的治疗作用。

（1）成菜标准要求

口感脆嫩，咸鲜可口。

（2）器具准备

①盛装器皿：大号圆盘。

②炉具：燃油或燃气炒菜灶。

③炊具：炒勺、漏勺、双耳炒锅。

（3）原料

①主料：嫩芹菜500 g。

②辅料：生姜丝10 g。

③调料：麻油10 g，花椒3 g，醋10 g，植物油25 g，精盐5 g，白糖5 g，味精3 g。

（4）操作步骤

①将嫩芹菜洗净，切成4 cm长的段，放入开水中焯一下，捞出后用凉水冲凉。

②将芹菜条捞出控水放碗中，加精盐少量，挤去水分，再撒上生姜丝，淋上麻油。

③炒锅上火，放油烧热，下花椒稍炸，待出味，捞去花椒，然后迅速将油淋在芹菜、生姜丝上，拌匀，加盖焖10分钟。至芹菜入味开盖，加入精盐、味精、醋，调拌均匀后装盘即成。

（5）操作要领

注意炝的温度。

（6）食用建议

痛风患者可多食用。

（7）适用范围

大众便餐。

（8）拓展菜肴

炝冬笋。

菜例 2.3.5　彩丝炝腐皮

腐竹的黄、胡萝卜的橙、干椒的红、黄瓜的绿、菜帮子的白，还有香菜梗的一抹浅浅的青，这道菜调色盘一样的色彩仿佛把人带到了大自然的最深处，闻得到白色花朵和香草的气息。

（1）成菜标准要求

口感清爽，咸鲜可口。

（2）器具准备

①盛装器皿：大号圆盘。

②炉具：燃油或燃气炒菜灶。

③炊具：炒勺、漏勺、双耳炒锅。

（3）原料

①主料：水发腐竹200 g。

②辅料：干香菇50 g，胡萝卜100 g，香菜20 g，嫩黄瓜100 g，大白菜100 g，干红椒50 g，蒜瓣10 g，花椒粒10 g。

③调料：盐10 g，白糖8 g，香醋8 g，香麻油5 g，豉油20 g，生抽15 g。

（4）操作步骤

①将菜蔬胡萝卜、香菜、嫩黄瓜、大白菜用流动清水浸泡、洗净。黄瓜、胡萝卜去皮后切条丝状，大白菜取菜帮子部位切成条丝状备用，香菜取香菜梗切段备用。

②将大白菜丝及黄瓜丝放入大碗中，撒上少许精盐腌制出水后，拧干水分备用。

③锅内放水煮开，滴几滴食用油入锅，锅内撒少许精盐。分别将腐竹丝、香菇丝及胡萝卜丝焯烫至断生，迅速捞出过凉白开，控干水分放入装有白菜丝及黄瓜丝的大碗中，撒上香菜梗，铺上蒜末。取一小碗，调入调料混合均匀后浇在五丝上。

④炒锅烧热，加入1勺食用油，将花椒粒、干红椒圈放入炸香后捞出，将油继续烧热至冒烟熄火，将滚热的花椒油浇在蒜末上，拌匀即可食用。

（5）操作要领

腐竹和干香菇提前泡发好。

（6）食用建议

夏季清暑佳肴。

（7）适用范围

大众便餐。

（8）拓展菜肴

炝三丝。

【想一想】

炝腰花的操作要领是什么？

目标教学2.4 腌、泡类菜肴

腌泡工艺是原料加工整理后，放入调味汁中浸渍或与调料拌匀，使其入味的一种方法。

2.4.1 腌类菜肴基础知识

1）常见的腌的方法

①盐腌。②醉腌。③糖腌。④糟腌。

2）工艺流程

选料→初加工→刀工处理→腌制→装盘成菜。

3）腌菜的操作要领

①选料要精，腌制加工要细，口味要因地、因人而异进行合理调配。

②要根据原料的性质来掌握腌渍的时间。

③成品要求味透肌里，脆嫩爽口。

④要尽量保持原料的本色，形状要整齐。

4）成菜特点

①色泽美观。

②腌制蔬菜清香嫩脆。

③动物性菜肴则细嫩滋润，醇香味浓。

2.4.2　泡类菜肴基础知识

泡是将原料加工处理后，放入盛有特制溶液的水坛中，经过乳酸发酵（有的不经过发酵）泡制入味的方法。泡菜从口味上大致分为4个类型，即传统的盐水泡菜、咸甜泡菜、酸甜泡菜以及近几年流行的山椒汁、泡椒汁泡菜，典型的泡菜有泡豇豆、泡辣椒、泡仔姜、山椒凤爪、山椒贡菜等。

1）工艺流程

选料切配→熟处理→制卤装坛→泡制成菜。

2）操作要领

①原料选择。泡制菜肴很多选择植物性原料进行生泡，所以原料在初加工时一定要注意清洗干净。

②盛器的选择。泡菜坛的选择十分重要，对于泡菜的好坏有直接影响。应该选择密闭性好的泡菜坛，这样才能泡出好的菜肴。

③原料的熟处理。原料的熟处理主要包括水煮、氽烫等，不同的原料应该根据质地和成菜的要求选择合适的熟处理方法。

④根据不同的原料合理选择泡制的时间。例如，荤料的泡制时间就较短。

3）成菜特点

质地脆嫩，咸鲜微酸或咸酸辣甜，清爽适口。

【想一想】

①腌菜的特点是什么？

②腌与泡的方法有哪些区别？

③冷菜的渍的操作要领是什么？

2.4.3　腌、泡类菜肴范例

菜例 2.4.1　山椒凤爪

随着人们对饮食的要求越来越高，厨师们都积极开动自己的脑筋，开发出了很多美味的菜肴。“山椒凤爪”运用泡菜的传统泡法来泡制动物性原料，给人耳目一新的感觉。此菜具有色泽洁白、质地脆嫩、酸辣爽口的特点。（图2.7）

（1）成菜标准要求

色泽洁白，质地脆嫩，酸辣爽口。

图2.7　山椒凤爪

（2）器具准备

①盛装器皿：大号圆盘、泡菜坛。

②炉具：燃油或燃气炒菜灶。

③炊具：炒勺、漏勺、双耳炒锅。

（3）原料

①主料：鸡爪500 g。

②辅料：芹菜30 g，胡萝卜50 g。

③调料：泡菜盐水700 g，野山椒200 g，姜15 g，葱20 g，蒜10 g，花椒3 g，料酒10 g。

（4）操作步骤

①鸡爪用水洗净，加姜、葱、料酒、花椒进行煮制，煮好后用凉水冲凉去骨。去骨之后改刀，将一个鸡爪改成两半，改好刀的鸡爪用清水洗去油渍。芹菜切成节，胡萝卜切成筷子条待用。

②取一小坛，放进泡菜盐水、野山椒、姜、葱、蒜、芹菜、胡萝卜，加入去骨鸡爪，再加盖泡制10小时左右即可。

（5）操作要领

①在煮制鸡爪时采用焖煮的方法，断生即可。

②泡菜盐水应该以咸鲜为底味，在此基础上突出野山椒的酸辣味。

（6）食用建议

夏季食用。

（7）适用范围

大众便餐。

（8）拓展菜肴

泡猪手。

菜例 2.4.2　泡辣椒

“泡辣椒”又称“鱼辣子”，是川菜常用的调料。

（1）成菜标准要求

色泽鲜艳，质地脆嫩，鲜辣爽口。

（2）器具准备

盛装器皿：泡菜坛。

（3）原料

①主料：红辣椒1 000 g。

②辅料：花椒15 g，五香料15 g。

③调料：盐300 g，清水2 500 g，老盐水400 g，白酒30 g，红糖100 g。

（4）操作步骤

①选择一密闭性好的泡菜坛，将各种香料、花椒用纱布包好放入坛内，加入清水，再逐次放入老盐水、盐、白酒、红糖，调和后成为泡菜盐水。

②将晒干的辣椒放入坛内，用手压实，以盐水刚好淹没原料为度。盖上坛盖，加满坛沿水，约泡一周，即为泡辣椒。

（5）操作要领

①泡菜坛切忌沾油。

②辣椒一定要晾晒并去掉水分。

（6）食用建议

作为川菜重要的调料使用。

（7）适用范围

传统、新派川菜皆可。

（8）拓展菜肴

泡仔姜。

菜例 2.4.3　珊瑚萝卜

此菜需要运用川菜中“卷”的手法，使成菜犹如一朵绚丽的鲜花，使人不忍下筷。

（1）成菜标准要求

成形美观，色彩艳丽，酸甜适口。

（2）器具准备

盛装器皿、大号圆盘、不锈钢盘。

（3）原料

①主料：白萝卜500 g，胡萝卜200 g。

②调料：盐50 g，柠檬果酸5 g，白糖150 g，沸水500 g。

（4）操作步骤

①白萝卜去皮，切成长10 cm、宽6 cm、厚0.1 cm的薄片，胡萝卜切成粗0.1 cm、长10 cm的丝。

②盆内加入沸水，放白糖、盐、柠檬果酸，充分融化后晾凉，即成酸甜泡菜水。

③将白萝卜片、胡萝卜丝放入泡菜水浸泡30分钟捞出。将白萝卜片平铺在菜墩上，放入0.8 cm的胡萝卜丝卷，待全部卷完后切成马耳朵形。

④取圆盘一个，将萝卜卷摆成大丽花形，浇上少许酸甜泡菜水成菜。

（5）操作要领

卷时要粗细均匀。

（6）食用建议

夏季食用。

（7）适用范围

中、高档筵席。

（8）拓展菜肴

珊瑚雪莲。

【想一想】

珊瑚萝卜用到的调料有哪些？

目标教学2.5　炸收类菜肴

2.5.1　炸收工艺基础知识

炸收是将原料刀工处理后，码味经油炸脱去原料部分水分，入锅掺汤，加入调味品，用中火或小火加热，使味渗透，收汁亮油、干香滋润的烹调方法。此法适用于鸡、鸭、鱼、猪肉、牛肉、猪排等。

1）工艺流程

选料切配→码味处理→炸制处理→收汁成菜。

2）操作要领

①码味时原料底味应该给足。

②掌握好过油的温度以及过油的时间。

③收汁时应采用中小火为宜。

3）成菜特点

色泽棕黄（金黄），干香、滋润、化渣，香鲜醇厚。

2.5.2　炸收类菜肴范例

菜例 2.5.1　葱酥鲫鱼

鲫鱼药用价值极高，具有健脾、开胃、益气、除湿的功效，在日常生活中是十分常见的食材原料。“葱酥鲫鱼”是四川的传统名菜，具有肉嫩骨酥、咸鲜味醇、葱香味浓郁的特点。（图2.8）

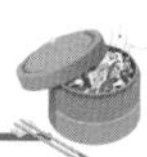

图2.8 葱酥鲫鱼

(1)成菜标准要求

色泽棕红，柔嫩骨酥，咸鲜味醇，葱香味浓郁。

(2)器具准备

①盛装器皿：中号条盘。

②炉具：燃油或燃气炒菜灶。

③炊具：炒勺、漏勺、双耳炒锅。

(3)原料

①主料：鲫鱼一尾(约200 g)。

②辅料：葱白60 g，泡红辣椒3条。

③调料：精盐3 g，料酒10 g，醪糟汁20 g，糖色适量，姜10 g，味精1 g，醋3 g，鲜汤100 g，香油10 g，精炼油1 000 g(约耗50 g)。

(4)操作步骤

①鲜活鲫鱼经过初加工(刮鳞、去鳃、去内脏)清洗干净，鱼身两边各剞3刀，用精盐、料酒、姜、葱码味。葱切成长约6 cm的段，泡辣椒切去两端去子，切成长6 cm的段。

②炒锅置在火上，加入食用油烧至七成油温，将鱼炸制金黄色时捞出。

③将锅内放入食用油，加入泡辣椒、葱段略炒，然后加入鲜汤、精盐、料酒、醋、糖色、醋调成味汁。将炸好的鱼放进调好的味汁里面，用小火收至汤汁浓缩为一半时，将鱼翻一面继续收汁。最后加入香油、味精、醪糟汁继续收至汁将干、亮油时起锅装盘，将泡辣椒节和葱节放在鱼身上即可。

(5)操作要领

①掌握好炸鱼的火候。

②收汁采用小火，味汁中加醋是为了去腥，但不能有酸味出来。

(6)食用建议

酌酒佳肴。

（7）适用范围

中档筵席。

（8）拓展菜肴

葱酥带鱼。

菜例 2.5.2　花椒鸡丁

“花椒鸡丁”是四川传统风味凉菜，是一款深受大众喜爱的佐酒菜肴。此菜采用炸收的烹调方法，加之辣椒、花椒，具有干香滋润、麻辣鲜香的特点。

（1）成菜标准要求

色泽棕红，干香滋润，入口化渣，咸鲜醇厚，麻辣香浓。

（2）器具准备

①盛装器皿：大号圆盘。

②炉具：燃油或燃气炒菜灶。

③炊具：炒勺、漏勺、双耳炒锅。

（3）原料

①主料：公鸡肉300 g。

②辅料：干辣椒20 g，花椒8 g。

③调料：姜20 g，葱20 g，精盐4 g，料酒15 g，糖色适量，香油10 g，鲜汤200 g，精炼油1 000 g（约耗70 g）。

（4）操作步骤

①将鸡肉斩成2 cm见方的丁，用精盐、姜、葱、料酒拌匀进行码味。干辣椒切成1 cm的节。

②炒锅置火上放油，将油烧至六成油温时放入鸡丁炸制成熟时捞出。等到油温再升至六成，放鸡丁重新炸制，色泽棕红时捞出。

③锅内放入少许油，烧至三成热时先后放入干辣椒、花椒炒香，加入鲜汤、鸡丁、糖色、精盐、料酒调味，用中小火加热至鸡丁回软。入味后改用大火收汁，至汁干亮油后，加味精、香油，起锅装盘成菜。

（5）操作要领

①鸡肉码味底味要足，避免成菜乏味。

②鸡丁的炸制火候把握准确，避免炸得过干影响口感。

③使用中小火进行收汁，干辣椒、花椒必须先炒出香味后再加入鲜汤等调料，使成菜具有麻辣味浓厚的特点。

（6）食用建议

酌酒佳肴。

（7）适用范围

中档筵席。

（8）拓展菜肴

花椒兔丁。

菜例 2.5.3　芝麻肉丝

“芝麻肉丝”属于川菜传统冷碟，一般在中、低档筵席中出现。厨师们将猪肉经过精心加工，制作出这道菜肴，把粗料制作得相当精细。（图2.9）

图2.9　芝麻肉丝

（1）成菜标准要求

色泽棕红，干香酥软，入口化渣，咸鲜微辣。

（2）器具准备

①盛装器皿：大号圆盘。

②炉具：燃油或燃气炒菜灶。

③炊具：炒勺、漏勺、双耳炒锅。

（3）原料

①主料：猪瘦肉200 g。

②辅料：熟芝麻10 g。

③调料：精盐3 g，料酒10 g，白糖1.5 g，糖色适量，八角半粒，味精1 g，香油10 g，净辣椒油15 g，姜5 g，葱10 g，鲜汤200 g，精炼油1 000 g（约耗60 g）。

（4）操作步骤

①将猪肉切成长10 cm、粗0.4 cm的丝，加入姜、葱、精盐、料酒码味约10分钟。

②锅置火上，将油烧至六成热，肉丝中加少许冷油拌匀，放入锅内炸至散开，捞出。待油温回升至六成时，重炸至棕黄，捞出待用。

③锅洗净，放入少许油，下姜片、葱段炒香，掺入鲜汤，加精盐、料酒、八角、糖色、白糖用小火收至汤汁将干时，放入味精、香油、辣椒油和匀起锅，趁热撒上芝麻，晾凉装盘即可。

（5）操作要领

①肉丝粗细均匀，长短一致。

②放入冷油是避免下油锅黏在一起，肉丝分两次炸制，第一次是为了炸干水分，第二次是为了上色。

（6）食用建议

不太适合老年人食用。

（7）适用范围

中档筵席。

（8）拓展菜肴

麻辣牛肉丝。

菜例 2.5.4　糖醋排骨

糖醋排骨是糖醋味中深受大众喜欢的一道传统菜肴，它采用猪的肋排作为原料，不仅味道鲜美，而且富含蛋白质和钙。成菜红亮油润，质地干香滋润，味道酸甜适口，颇受食客的欢迎。

（1）成菜标准要求

色泽红亮，干香滋润，甜酸醇厚。

（2）器具准备

①盛装器皿：大号圆盘。

②炉具：燃油或燃气炒菜灶。

③炊具：炒勺、漏勺、双耳炒锅。

（3）原料

①主料：猪肉排骨250 g。

②辅料：姜5 g，葱10 g，花椒1 g，熟白芝麻5 g。

③调料：精盐3 g，白糖70 g，糖色8 g，醋30 g，料酒15 g，鲜汤400 g，食用油1 000 g，（约耗50 g）。

（4）操作步骤

①将猪排骨洗净，顺肋条骨缝划成条，斩成长5 cm的段。入锅焯净血水，捞出放入盐、料酒、姜、葱、花椒码味。

②将码好味的排骨上笼蒸至肉软离骨时取出沥干，拣去姜、葱、花椒不用。

③将炒锅放在旺火上，下油烧至六成热时放入排骨，炸至色泽微黄时捞出。锅内放少许油，下姜、葱炒香，加入鲜汤，放入精盐、白糖、料酒、糖色、少量醋，再放入排骨，用中小火收汁入味，待汤汁将干时再加醋略收。最后放入香油炒匀，晾凉装盘，撒上熟白芝麻即可。

（5）操作要领

①斩排骨时要长短一致、整齐划一，码味时咸味要足，成菜后才有底味。

②一定要将排骨蒸得肉软离骨，也可以采取煮的方法，但也应该达到离骨的状态。

（6）食用建议

老少皆宜，凉冷后食用。

（7）适用范围

各类筵席。

（8）适用菜肴

香辣排骨。

菜例 2.5.5　陈皮兔丁

陈皮兔丁是“冷吃兔”的别名，是四川自贡地区的民间传统美食。陈皮是橘子的果皮，具有理气健脾、降温化痰、止咳生津的功效；而兔肉有“荤中之素”的说法，具有高蛋白、低脂肪的特点，为当代十分推崇的肉类。陈皮与兔肉一起合烹，成菜之后别具一番特色。（图2.10）

图2.10　陈皮兔丁

（1）成菜标准要求

色泽棕红，干香滋润，入口化渣，陈皮芳香，略带甜味。

（2）器具准备

①盛装器皿：大号圆盘。

②炉具：燃油或燃气炒菜灶。

③炊具：炒勺、漏勺、双耳炒锅。

（3）原料

①主料：鲜兔300 g。

②辅料：干辣椒10 g，干花椒3 g，干陈皮10 g。

③调料：精盐3 g，味精2 g，白糖20 g，糖色13 g，姜20 g，葱30 g，料酒25 g，醪糟汁25 g，冷鲜汤250 g，香油5 g，精炼油1 000 g（约耗100 g）。

（4）操作步骤

①将兔肉洗净，斩成2 cm见方的丁，用盐、姜、葱、料酒码味。陈皮用温水泡回软，撕成小片；辣椒切成节，待用。

②锅内放油用旺火烧至六成热时，将兔丁内的姜、葱挑出，下兔丁炸干水分后捞出。待油温再回到六成时，将兔丁炸至外酥内嫩，呈金黄色时捞出。

③锅内倒入适量精炼油，下干辣椒炒至棕红色，加花椒、姜片、葱段、兔丁、陈皮略炒片刻。加入鲜汤、醪糟汁、糖色、白糖、精盐，用小火收汁入味。待汁将干时加入味精、香油炒匀起锅，晾凉后挑出姜、葱，装盘成菜。

（5）操作要领

①兔肉斩丁要大小均匀，码味咸度要适当，陈皮的用量要严格控制。

②在炸制的时候不要将兔丁炸得过干，以免影响口感。在炸东西的时候一般要炸两次，第一次炸去水分，第二次上色。

（6）食用建议

不适合老年人食用。

（7）适用范围

各类筵席。

（8）拓展菜肴

陈皮鸡丁。

【想一想】

①炸收菜品的油温一般为几成熟?

②陈皮兔丁需要哪些调料?

目标教学2.6 香卤类菜肴

2.6.1 卤的基础知识

卤是将大块或整形的原料，经初步加工，如初步熟处理后放入卤汁内煮至成熟入味的烹调方法。卤菜按其色泽分为红卤、白卤两种，红卤的卤汁加糖色等有色调味品，成菜色泽红亮；如卤猪肉、卤猪蹄、卤鸭；白卤的卤汁中不加糖色等调味品，成菜保持原料本色，如卤牛肉、白卤鸡。

1）工艺流程

选料刀工处理→原料初步熟处理（或码味处理）→制卤水→卤制成菜→刀工切配→装盘成菜。

2）操作要领

①选料时应该选取新鲜且异味小的原料。

②卤制前将原料焯水除去异味。

③大型原料先进行刀工处理，切块后再进行卤制，以使其充分卤制入味。

④小火加盖焖煮，保证酥软效果。

⑤反复使用的卤水可以根据其需要加入鲜汤、调料、姜、葱、香料、适量的糖色，使调料保证够味。

⑥在卤制过程中，卤水应该淹没原料。

⑦体积较大的动物性原料应先码味再进行卤制，如牛肉、羊肉。

3）成菜特点

卤制菜肴具有色泽美观、香味醇厚、软熟滋润的特点。

4）起卤汁

如前所述，卤按颜色可以分为红卤和白卤两种。卤汁应该一次做好并连续使用，使用越久香味越醇厚，在烹调中不应该经常起卤水。

（1）原料

冰糖、桂皮、草果、甘草、花椒、草豆蔻、八角、小茴、丁香、山柰、生姜、砂仁头、葱、香叶、精盐、料酒、味精、鲜汤、纱布袋。

（2）制作方法

①将所有的香料装进纱布袋内，姜拍破，葱挽结，将冰糖砸碎。

②炒制糖色，将冰糖放进锅中炒至融化呈深红色，加入沸水成糖色。

③锅内加入鲜汤，放入姜、葱、盐、味精、糖色（使汤呈浅红色）、香料袋、料酒，用小火煨制香味四溢，即成卤水初坯。

（3）卤水的保管方法

卤水要经常滤去杂质，保持清洁卫生。存放时需要烧沸，除去过多的油脂，不使用时应将卤水放在桶里不动，保持通风。如果长期不用，也要时常烧沸。

5）卤制的适用范围

各种动物性原料及部分豆制品。

【想一想】

①简述菜品卤制的工艺流程。

②简述卤水的保管方法。

2.6.2　香卤类菜肴范例

菜例 2.6.1　卤鸡翅

（1）成菜标准要求

色泽棕红，香味浓郁，质地熟软。

（2）器具准备

①盛装器皿：大号圆盘。

②炉具：燃油或燃气炒菜灶。

③炊具：炒勺、漏勺、双耳炒锅。

（3）原料

①主料：鸡翅500 g。

图2.11　卤鸡翅

②调料：红卤水3 000 g。

（4）操作步骤

①鸡翅去净杂毛之后洗净，放入沸水锅中飞水，洗净备用。

②卤水置火上，下鸡翅，烧开后打去浮沫，改用小火卤至鸡翅熟软上色，晾凉后装盘即可。（也可以打上辣椒粉蘸碟）

（5）操作要领

①鸡翅要去净杂毛。

②卤制鸡翅以刚熟为度，否则风味尽失。

（6）食用建议

注意存放时间，原料最好不要反复卤制。

（7）适用范围

筵席冷碟使用。

（8）拓展菜肴

卤凤爪。

菜例 2.6.2　卤猪耳

卤菜在凉菜中占据着十分重要的地位，无论何时何地都是餐桌上的佳肴，尤其是在夏季，一盘香喷喷的卤菜，既是休闲的食品，又是佐酒的好菜肴。

（1）成菜标准要求

色泽棕红，香味浓郁，质地熟软。

（2）器具准备

①盛装器皿：大号圆盘。

②炉具：燃油或燃气炒菜灶。

③炊具：炒勺、漏勺、双耳炒锅。

（3）原料

①主料：猪耳500 g。

②调料：红卤水3 000 g。

（4）操作步骤

①猪耳洗净，烧去表面残毛，刮去黑皮，再放入沸水中焯水备用。

②卤水置火上，下猪耳，烧开后打去浮沫，改用小火卤至猪耳熟软。捞出后刷一层香油，晾凉后切成片，摆入盘内即可（也可以打上辣椒粉蘸碟）。

（5）操作要领

①黑皮必须刮洗干净，以免影响成菜效果。

②使用小火进行卤制，让其充分入味。

（6）食用建议

注意存放时间，原料最好不要反复卤制。

（7）适用范围

筵席冷碟使用。

（8）拓展菜肴

卤鹅翅。

菜例 2.6.3　卤猪蹄

图2.12　卤猪蹄

（1）成菜标准要求

色泽红亮，五香味浓，质地软糯。

（2）器具准备

①盛装器皿：大号圆盘。

②炉具：燃油或燃气炒菜灶。

③炊具：炒勺、漏勺、双耳炒锅。

（3）原料

①主料：猪蹄1 000 g。

②调料：红卤水3 000 g。

（4）操作步骤

①将猪蹄洗净，去净毛后在火上燎至乌黑，刮去黑皮，再放入沸水中焯水备用。

②卤水置火上，下猪蹄，烧开后打去浮沫，改用小火卤至猪蹄熟软，捞出后晾凉即可。

（5）操作要领

①卤制时间要充分。

②卤水要注重保质。

（6）食用建议

夏天食用更佳。

（7）适用范围

各类筵席。

（8）拓展菜肴

卤牛肉。

【想一想】

①卤猪耳的成菜特点是什么？

②猪蹄卤制有哪些步骤？

项目 3

中餐热菜烹调技艺

【教学目标】

★掌握热菜的概念与分类。
★掌握各种热菜的工艺流程。
★注意区别不同的热菜烹调法。

【知识延伸】

★菜肴原料知识。
★刀工和配料、调味。
★火力和掌握火候。
★营养卫生知识。

目标教学3.1 炒制技艺

1）炒的定义

炒，就是将经过加工处理的，成形较小、质地脆嫩的菜肴原料，放入小油锅内，利用中、旺火，在短时间内，使用手勺搅拌加热，使其成熟的烹调方法。

2）炒的工艺流程

选料刀工处理→初步熟处理→炙小油锅→加料→用手勺翻动，颠簸→装盘。

3）炒的适用范围

①体小质嫩的原料。

②经刀工处理后，小型带骨的动物性原料，如鸡翅、鸡的掌中宝等。

4）油温火候

用中油温150~180 ℃，少油，中、旺火炒制而成。

5）炒的分类

炒，按其初步熟处理及原料成形的不同情况，可分为生炒、熟炒、滑炒等。

3.1.1 生炒工艺

1）生炒的概念

生炒，就是将经过刀工处理的成形较小、质地脆嫩的菜肴原料，不上浆直接放入少量油锅内，用中、旺火在短时间内用手勺搅拌加热成熟的烹调方法。

2）生炒的工艺流程

选料→刀工处理→炒制→装盘。

3）生炒的分类

一般来说，生炒分为清炒、煸炒、炝炒等。

4）生炒工艺范例

菜例 3.1.1 青椒土豆丝

图3.1 青椒土豆丝

（1）成菜标准要求

①感官要求：成丝均匀，散籽线油。

②质感：质地脆嫩。

③气味及口味：咸鲜清香。

（2）器具准备

①盛装器皿：30 cm圆形盘或条盘。

②炉灶：燃油或燃气炒菜灶。

③炊具：炒勺、双耳炒锅。

（3）原料

①主料：土豆350 g。

②辅料：青椒两个。

③调料：盐3 g，味精1 g，色拉油30 g。

（4）操作步骤

①土豆去皮，清洗干净，切二粗丝，用清水反复浸泡。青椒洗净、去子，切二粗丝待用。干辣椒切节。

②把锅炙好，放油烧至六成热，下土豆丝、青椒丝。炒断生以后加盐、味精，炒均匀后起锅装盘即可。

（5）操作要领

①切时成丝一定要均匀。

②浸泡时一定要去尽淀粉。

③掌握好炝炒的油温和火候。

（6）食用建议

①最佳食用温度：60~75 ℃。

②最佳食用时间：从菜品出锅至食用，以不超过10分钟为宜。

（7）适用范围

佐饭、筵席均可。

（8）拓展菜肴

炝炒银芽。

菜例 3.1.2　盐煎肉

图3.2　盐煎肉

（1）成菜标准要求

①感官要求：色泽红亮。

②质感：干香滋润。

③气味及口味：咸、鲜、微辣，略带回甜。

（2）器具准备

①盛装器皿：30 cm圆形盘或条盘。

②炉灶：燃油或燃气炒菜灶。

③炊具：炒勺、双耳炒锅。

（3）原料

①主料：去皮猪腿肉200 g。

②辅料：蒜苗100 g。

③调料。

A类：郫县豆瓣20 g，豆豉5 g，酱油5 g。

B类：味精1 g，白糖2 g。

C类：食用油50 g，料酒5 g。

（4）操作步骤

①刀工处理：将去皮猪腿肉洗净后切成长5 cm、宽3 cm、厚0.15 cm的片；蒜苗梗切成长3 cm的马耳形节；豆瓣剁细。

②加热处理：锅内放油烧至六成热，放入肉片翻炒几下。加料酒煸炒香，加A类调料、蒜苗炒香，加味精翻转出锅，装盘成菜。

（5）操作要领

①煸炒时可先用旺火，再用中火，煵炒至干香滋润。

②蒜苗不宜久炒，以断生出香为好。

③掌握好咸味调味品的调料，控制好菜品的味道。

（6）食用建议

①最佳食用温度：60~75 ℃。

②最佳食用时间：从菜品出锅至食用，以不超过10分钟为宜。

（7）适用范围

佐酒、佐饭、筵席均可。

（8）拓展菜肴

辅料可以选用莲花白、干豇豆、青红椒、洋葱等。

菜例 3.1.3　农家小炒肉

图3.3　农家小炒肉

（1）成菜标准要求

①感官：色泽棕红。

②质地：呈“灯盏窝”。

③气味及口味：咸鲜微辣，细嫩干香不绵。

（2）器具准备

①盛装器皿：30 cm圆形盘或条盘。

②炉灶：燃油或燃气炒菜灶。

③炊具：炒勺、双耳炒锅。

（3）原料

①主料：去皮五花肉250 g。

②辅料：青红尖椒各50 g。

③调料：盐3 g，味精5 g，料酒2 g，姜5 g，蒜5 g，老抽1 g，白糖1 g，辣鲜露5 g，色拉油50 g。

（4）操作步骤

①刀工处理：猪腿尖肉去皮切成长3 cm、宽2 cm、厚0.2 cm的薄片；青红尖椒切短节；姜、蒜宰细成末。

②加热处理：炙锅后，锅置中火上，放油烧热至四成热时，下肉片炒至水分干且吐油时，下老抽炒上色后，下姜、蒜米和料酒炒香。陆续投放青红椒，炒出香后，加盐、味精、白糖炒匀出锅即成。

（5）操作要领

①肉片不能切得太厚，要均匀。

②控制好火力，炒时要用中、旺火快速炒干水分至吐油。

③炒至肉片呈灯盏窝出香气时，方能下调料、辅料。

④青红尖椒不宜久炒，断生即可。

（6）食用建议

①最佳食用温度：50~75 ℃。

②最佳食用时间：从菜品出锅至食用，以不超过20分钟为宜。

（7）适用范围

佐饭，普通筵席均可。

（8）拓展菜肴

豉椒炒五花、农家小煎鸡。

菜例 3.1.4 双椒炒鸭丁

（1）成菜标准要求

①感官：红绿相映，色彩宜人，鸭丁大小均匀。

②质地：质地细嫩。

③气味及口味：鲜香、清香。

（2）器具准备

①盛装器皿：30 cm圆形盘或条盘。

②炉灶：燃油或燃气炒菜灶。

③炊具：炒勺、双耳炒锅。

（3）原料

①主料：净鸭脯肉200 g。

②辅料：青尖椒10 g，红泡椒节两根，仔姜10 g。

③调料：盐1 g，味精2 g，酱油1.5 g，姜、蒜适量，胡椒粉1 g，料酒2 g，嫩肉粉0.5 g，老抽1 g，白糖1 g，葱10 g，香油2 g，色拉油10 g。

（4）操作步骤

①刀工处理：鸭脯肉先用刀背捶松，再用刀根去筋络。然后将鸭肉斩成1.5 cm见方的丁。入碗加盐、料酒、胡椒粉、嫩肉粉码味腌渍约10分钟。青尖椒洗净后切小滚刀块，姜、蒜切片，泡红椒节切成粗颗状。

②加热处理：鸭丁略挤去多余水分。锅中加油烧至五成热时，投入鸭丁滑散籽后，下姜、蒜片，酱油，泡红椒炒香出味，后投入青尖椒块炒断生，放味精、葱、香油，颠簸炒匀出锅装盘。

（5）操作要领

①此菜宜热锅温油，急火快炒。

②炒至鸭丁收缩即可，不能久炒，否则肉质老绵。

（6）食用建议

①最佳食用温度：50~75 ℃，此菜冷食效果欠佳。

②最佳食用时间：从菜品出锅至食用，以不超过15分钟为宜。

（7）适用范围

佐酒，佐饭，普通筵席均可

（8）拓展菜肴

生炒双椒鸡粒、双椒炒兔柳。

菜例 3.1.5　五彩粒粒香

（1）成菜标准要求

①感官：五色搭配，协调美观。

②质地：辅料选择多样，软、嫩、香、脆、酥，兼香脆爽口。

③气味及口味：鲜香清香，微辣可口，香气宜人。

④颗粒大小一致，整齐划一。

（2）器具准备

①盛装器皿：30 cm圆形盘或条盘。

②炉灶：燃油或燃气炒菜灶。

③炊具：炒勺、双耳炒锅。

（3）原料

①主料：猪瘦肉10 g，空心菜梗150 g，嫩豇豆150 g。

②辅料：永川豆豉10 g，红尖椒50 g。

③调料：盐1 g，味精1 g，姜2 g，蒜末2 g，胡椒粉1 g，料酒1 g，白糖1 g，色拉油100 g。

（4）操作步骤

①刀工处理：尖椒、空心菜梗切大小相同的颗粒状，瘦肉切成细粒待用，嫩豇豆、空心菜分别加少许盐稍腌渍。

②加热处理：炙锅后加油烧热至四成热时，下瘦肉粒炒至酥香出锅待用。锅中加油适量烧热，下姜、蒜米，永川豆豉，红尖椒粒炒香。再下嫩豇豆粒，空心菜粒快速炒匀，加进肉粒。下盐、味精、白糖、料酒翻炒均匀，出锅即成。

（5）操作要领

①豆豉、红尖椒不要太多。

②炒制的时间宜短，动作要快。

③嫩豇豆、空心菜粒腌渍时间不要过长且盐量要适度，否则成菜发咸，不脆爽。

（6）食用建议

①最佳食用温度：50~75 ℃，此菜冷食效果欠佳。

②最佳食用时间：从菜品出锅至食用，以不超过25分钟为宜。

（7）适用范围

佐酒，佐饭，普通筵席均可。

（8）拓展菜肴

甜椒炒荷兰豆、五彩苕粉。

【想一想】

①生炒的工艺流程是什么？

②盐煎肉用到了哪些调料？

3.1.2　熟　炒

1）熟炒的概念

熟炒是把经过熟处理后的半成品，加工成丝、片、块、条等，放入六成热的油锅内翻炒，再依次加入调味品，炒匀成菜的烹调方法。

2）熟炒的工艺流程

熟处理→刀工处理→翻炒→装盘。

3）熟炒工艺菜例

菜例 3.1.6　回锅肉

图3.4　回锅肉

本菜是以猪二刀腿肉为主料，加郫县豆瓣、辣椒、蒜苗等调辅料烹制的一道四川、重庆地区的家常菜，具有色泽红亮、香气浓郁、咸鲜微辣、略带回甜、肥而不腻等特点。

（1）成菜标准要求

①感官要求：色泽红亮。

②质感：软糯，肥而不腻。

③气味及口味：姜、蒜、豆瓣香气浓郁，家常味。

④形态：肉片呈“灯盏窝”状，卷曲。

（2）器具准备

①盛装器皿：30 cm圆形盘。

②炉灶：燃油或燃气炒菜灶。

③炊具：炒勺、双耳炒锅。

（3）原料

①主料：猪二刀腿肉300 g。

②辅料：蒜苗75 g，青椒30 g，红椒30 g。

③调料：郫县豆瓣25 g，甜酱面15 g，大蒜15 g，老姜25 g，葱10 g，白砂糖5 g，味精2 g，猪化油25 g，色拉油25 g，料酒20 g。

（4）操作步骤

①初步熟处理：将猪二刀腿肉燎皮后洗净，放入水中加入拍松的姜、葱、料酒10 g烧沸，煮至断生后取出。

②刀工处理：肉晾冷后，切成长6 cm、宽3 cm、厚0.2 cm的片；蒜苗梗切成长3 cm的马耳形节；郫县豆瓣剁细，大蒜、老姜10 g切成长与宽各1.5 cm、厚0.2 cm的片；青椒、红椒切成菱形片。

③加热处理：炒锅洗净置中火上，掺猪化油和色拉油烧至150 ℃时放入肉片炒香吐油，下姜、蒜片炒香。肉呈“灯盏窝”时，下豆瓣用小火炒至色红出香，再加入料酒10 g。然后下甜酱、白糖、味精炒匀，最后下蒜苗，青、红椒炒至断生起锅，装盘即成。

（5）操作要领

①掌握好煮制的时间。

②肉片切制要厚薄均匀。

③肉片炒制成“灯盏窝”时下调料。

（6）食用建议

①最佳食用温度：60~75 ℃。

②最佳食用时间：从菜品出锅至食用，以不超过10分钟为宜。

（7）适用范围

佐酒、佐饭、筵席均可。

（8）拓展菜肴

飘香回锅鱼、回锅烧白、回锅香肠。

菜例 3.1.7　山椒鸭肠

（1）成菜标准要求

①感官：色泽红亮。

②质地：质地脆嫩。

③味道：咸、鲜带辣，具有野山椒的特殊风味。

（2）器具准备

①盛装器皿：40 cm圆盘。

②炉灶：燃油或燃气的炒菜灶。

③炊具：炒勺、双耳炒锅。

（3）原料

①主料：鲜鸭肠500 g。

②辅料：芹菜100 g，泡萝卜50 g。

③调料：

A类，野山椒50 g，泡辣椒15 g，泡姜10 g，姜片10 g，蒜片10 g，葱10 g。

B类，味精1 g，酱油5 g，醋3 g，胡椒粉2 g。

C类，料酒、食用油各50 g，水淀粉7 g，鲜汤20 g。

（4）操作步骤

①初步熟处理：将鸭肠用盐或醋揉搓后洗干净，斩成长约14 cm的段，下入沸水中焯水捞出待用。

②刀工处理：芹菜切成长3 cm的节，泡萝卜切丝，泡辣椒去籽剁细，野山椒去蒂把，泡姜切丝，葱切成马耳朵形。

③兑滋汁：将B类调料和料酒、胡椒粉、水淀粉、鲜汤兑成调味芡汁。

④加热处理：炒锅置火上放油烧热，将辅料和A类调料放到锅里煵炒出香后，下入鸭肠，倒入芡汁，翻炒均匀即成。

（5）操作要领

①鸭肠焯水时间不能太长。

②炒制时要旺火快炒。

（6）食用建议

①最佳食用温度：65~75 ℃。

②最佳食用时间：从菜品出锅至食用，以不超过10分钟为宜。

（7）适用范围

佐酒、佐饭均可。

（8）拓展菜肴

主料可以选用海螺肉、鸭舌、鹅肠、鸡冠等原料，如山椒螺肉。

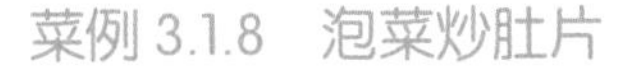

菜例 3.1.8　泡菜炒肚片

图3.5　泡菜炒肚片

（1）成菜标准要求

①感官要求：色泽橘红。

②质感：软糯，肥而不腻。

③气味及口味：鲜香微辣，开胃爽口。

④形态：肚片呈“斧楞片”状，且均匀、划一。

（2）器具准备

①盛装器皿：30 cm圆形盘。

②炉灶：燃油或燃气炒菜灶。

③炊具：炒勺、双耳炒锅。

（3）原料

①主料：猪肚200 g。

②辅料：跳水莲白菜50 g，泡仔姜20 g。

③调料：泡辣椒10 g，野山椒100 g，盐3 g，味精3 g，白糖1 g，料酒1勺，色拉油30 g。

（4）操作步骤

①初步熟处理：将猪肚洗净后煮熟并去尽油筋。斜刀切成薄片。

②刀工处理：跳水莲白菜切小块，泡仔姜、野山椒、泡椒均加工成末状。

③加热处理：炒锅炙锅洗净下油，先投入泡仔姜、泡椒末、野山椒末煵炒出味。陆续放猪肚片、料酒、盐炒匀上味，再下泡菜、味精、白糖快速翻炒至熟，泡菜出味时出锅即可。

（5）操作要领

①此菜控制好火候是关键。否则易出现质地老绵或出水过多的现象。

②下肚片时油温不宜太高。炒熟入味后下泡菜，转用旺火快速烹炒，以保持莲白的脆爽。

（6）食用建议

①最佳食用温度：60~75 ℃。

②最佳食用时间：从菜品出锅至食用，以不超过25分钟为宜。

（7）适用范围

佐酒、佐饭、筵席均可。

（8）拓展菜肴

酸菜炒鹅肠、韭黄炒鱿鱼须等。

菜例 3.1.9　鸭粒香炒茄子

（1）成菜标准要求

①感官要求：色泽金黄。

②质感：外酥里嫩。

③气味及口味：烤鸭味浓且鲜香。

④形态：茄块均匀、整齐。

（2）器具准备

①盛装器皿：30 cm鸭形盘。

②炉灶：燃油或燃气炒菜灶。

③炊具：炒勺、双耳炒锅。

（3）原料

①主料：茄子4条。

②辅料：烤鸭脯肉1块。

③调料：姜10 g，蒜10 g，香葱花500 g，盐5 g，味精2 g，胡椒粉2 g，面包糠40 g，干淀粉10 g，蛋液适量，色拉油1 kg（实耗50 g）。

（4）操作步骤

①初步熟处理：茄子去皮后切小块，加盐、鸡蛋液、干淀粉拌匀。入油锅中炸至色金黄时，捞出沥油。

②刀工处理：烤鸭脯肉切米粒状。姜、蒜切粒，香葱切成葱花。

③加热处理：炒锅炙锅洗净下油，投入姜、蒜米，烤鸭肉粒炒香，放入面包糠炒至色呈金黄时，再下炸好的茄子切块。加精盐、味精、胡椒粉调味。撒入香葱花炒匀，出锅装盘成菜。

（5）操作要领

①茄块扑粉要均匀。扑粉后不能长时间存放。

②炸茄块时掌握好油温及时间，以外酥内嫩为度。

③茄块一定要最后下锅。

（6）食用建议

①最佳食用温度：60~80 ℃。

②最佳食用时间：从菜品出锅至食用，以不超过10分钟为宜。

（7）适用范围

佐酒、佐饭、筵席均可。

（8）拓展菜肴

咸蛋黄炒豆腐、孜然香炒排骨。

菜例 3.1.10　葱辣鸭肝

（1）成菜标准要求

①感官要求：色泽红艳。

②质感：酥软适度。

③气味及口味：辣香宜人，葱香味浓。

④形态：鸭肝呈柳叶形，均匀适度。

（2）器具准备

①盛装器皿：30 cm大圆盘或鸭形盘。

②炉灶：燃油或燃气炒菜灶。

③炊具：炒勺、炒锅。

（3）原料

①主料：鲜鸭肝250 g。

②辅料：小香葱10 g，榨菜25 g，芹菜10 g。

③调料：干辣椒10 g，刀口辣椒15 g，红油5 g，姜、蒜米适量，精盐2 g，味精2 g，白糖1 g，醋1 g，老抽3 g，香油2 g，色拉油1 kg（实耗100 g）。

（4）操作步骤

①刀工处理：鸭肝切柳叶形，加盐、料酒、姜葱码味10分钟。小葱切花，榨菜、芹菜切小颗粒状。干辣椒切节。

②初步熟处理：鸭肝片放油锅中炸至酥软后捞出。

③炒制：锅留底油，放干辣椒炒出辣香味时下鸭肝同炒，加姜、蒜米，老抽炒匀。上色、出味时，加入味精、刀口辣椒、料酒、白糖、醋炒转。再加榨菜、芹菜炒出香气，放红油、香油、小香葱翻炒均匀，出锅装盘即成。

（5）操作要领

①鸭肝码味时间不能太长。以免吃水过多，影响质感。

②干辣椒炒香后才能放鸭肝同炒。

（6）食用建议。

①最佳食用温度：50~80 ℃。

②最佳食用时间：从菜品出锅至食用，以不超过15分钟为宜。

（7）适用范围

佐酒、筵席均可。

（8）拓展菜肴

葱辣猪肝、葱辣耗儿鱼。

3.1.3 滑　炒

1）滑炒的概念

滑炒是指将经过刀工处理，成形较小如丝、丁、片等形状的烹饪原料，上浆放入少量油锅内，用中、旺火在短时间内用手勺搅拌加热成熟并勾芡的烹调方法。

2）滑炒的工艺流程

原料刀工成形→码味上浆→炒→收汁→装盘→成菜。

3）滑炒工艺范例

图3.6　木耳肉片

（1）成菜标准要求

①感官：厚薄一致，岔色美观，配俏得体，散籽线油。

②质地：质地细嫩。

③口味：味咸鲜。

（2）器具准备

①盛装器皿：30 cm圆盘或条盘。

②炉灶：燃油或燃气的炒菜灶。

③炊具：炒勺、双耳炒锅。

（3）原料

①主料：里脊肉200 g。

②辅料：水发冬笋50 g，木耳50 g，大葱20 g，时令鲜蔬30 g。

③调料：老姜5 g，大蒜5 g，盐3 g，味精3 g，胡椒1 g，白糖2 g，料酒5 g，水豆粉10 g，色拉油1 kg（实耗75 g）。

（4）操作步骤

①刀工处理：取新鲜的里脊肉，洗净置于墩子上，切成厚薄一致的长方形片。水发冬笋、木耳切长方块，泡椒切马耳朵形，大葱切马耳朵形，姜、蒜切指甲片形。

②兑汁：将盐、料酒、胡椒、水豆粉、白糖、汤调和均匀。

③炒制：下油烧至五成油温，把肉片放在碗中，用盐、料酒、水豆粉码匀下锅，炒至散籽发白时一起倒入油漏中。锅中另加少许油，投入辅料炒断生，烹入滋汁。下肉片，推转起锅即可。

（5）操作要领

①采用一般肉片的刀工切法。

②肉片码芡时，盐、水、水淀粉的用量以及手法得体。

（6）食用建议

①最佳食用温度：65~75 ℃。

②最佳食用时间：从菜品出锅至食用，以不超过10分钟为宜。

（7）适用范围

佐酒、佐饭均可。

（8）拓展菜肴

白油肝片、白油肉片、青笋肉片。

菜例 3.1.12　碎米鸡丁

（1）成菜标准要求

①感官：形如碎米。

②质地：细嫩酥香。

③口味：咸鲜微辣。

（2）器具准备

①盛装器皿：20 cm圆窝盘。

②炉灶：燃油或燃气的炒菜灶。

③炊具：炒勺、双耳炒锅。

（3）原料

①主料：嫩公鸡脯肉250 g。

②辅料：盐炒花生30 g，宜宾芽菜10 g，葱10 g，芹菜梗50 g。

③调料：泡椒100 g，姜米5 g，蒜米5 g，盐2 g，味精2 g，酱油1 g，白糖1 g，料酒5 g，色拉油2 kg（实耗75 g），香油3 g，水淀粉20 g。

（4）操作步骤

①刀工处理：将鸡脯肉先用刀背捶松，切成绿豆大小的丁，用盐、料酒、水淀粉码均匀。盐炒花生去蒙皮用刀背碾碎。芹菜梗切细粒。

②炒制：锅炙好，下油烧至四成热时，把码匀的鸡丁下锅滑散。锅中留少许油，将泡椒末，姜、蒜米入锅略煸炒，放入芽菜炒香，下鸡丁炒调味。最后放入碎花生、芹菜粒、葱花，颠转起锅即可。

（5）操作要领

①码入的水淀粉要合适，过多不散籽，过少不细嫩。

②码芡时鸡丁水分要吃足，因体积小可码稀点。

③辅料最后下锅。

（6）适用范围

佐酒、佐饭均可。

（7）拓展菜肴

小米椒兔丁、小米椒鸭丁。

菜例 3.1.13　青椒肉丝

（1）成菜标准要求

①感官：肉丝均匀，散籽线油。

②质地：质地细嫩。

③口味及气味：咸鲜清淡。

（2）器具准备

①盛装器皿：40 cm圆盘或条盘。

②炉灶：燃油或燃气的炒菜灶。

③炊具：炒勺、双耳炒锅。

（3）原料

①主料：里脊肉250 g。

②辅料：青椒150 g。

③调料：姜5 g，蒜5 g，白糖1 g，味精3 g，盐3 g，料酒5 g，水淀粉20 g，鲜汤10 g，色拉油75 g。

（4）操作步骤

①刀工处理：将里脊肉洗净，剔尽筋络，切成二粗丝。放入码碗中首先加水，吃足水分以后加盐、料酒、水淀粉码匀，再放适量的色拉油待用。青椒洗净、去籽，切二粗丝待用。

②兑汁：取一码碗，放盐、味精、料酒、水淀粉、白糖、鲜汤，兑成汁。

③炒制：把锅炙好，放油烧至六成油温，放肉丝炒至散开发白以后起锅倒入炒瓢中。锅中留油少许，下姜米、青椒丝炒断生，下肉丝炒均匀烹入兑好的汁，炒匀起锅装盘即可。

（5）操作要领

①掌握码芡的基本要领。

②掌握炒的火候和油温。

③此菜的传统做法是酱香味，也可做大众喜欢的家常味。

（6）适用范围

佐酒、佐饭均可。

（7）拓展菜肴

蒜薹肉丝、仔姜肉丝。

菜例 3.1.14 榨菜肉丝

（1）成菜标准要求

① 感官：成丝均匀，散籽线油。

②质地：质地细嫩。

③气味及口味：咸鲜清淡。

（2）器具准备

①盛装器皿：40 cm圆盘或条盘。

②炉灶：燃油或燃气的炒菜灶。

③炊具：炒勺、双耳炒锅。

（3）原料

①主料：里脊肉250 g。

②辅料：榨菜100 g，大葱50 g。

③调料：姜5 g，蒜5 g，干辣椒10 g，花椒2 g，料酒10 g，白糖1 g，味精3 g，盐1 g，水淀粉10 g，胡椒粉1 g。

（4）操作步骤

①刀工处理：取新鲜的里脊肉，洗净，置于墩子上，切成粗细均匀的二粗丝，用盐、料酒、水淀粉码芡。榨菜洗净，切二粗丝。大葱切马耳朵形，干辣椒切节，姜、蒜分别剁细。

②兑汁：盐、料酒、胡椒、水淀粉、白糖、汤。

③炒制：下油烧至五成油温，把肉丝下锅，炒至散开发白时放榨菜，然后一起倒入油漏中。锅中另加少许油，投入干辣椒节炸香。放花椒，倒入肉丝和榨菜，烹入滋汁，下大葱，推转起锅即可。

（5）操作要领

①切肉丝的基本方法。

②码芡的基本方法。

（6）适用范围

佐酒、佐饭均可。

（7）拓展菜品

木耳肉丝。

菜例 3.1.15 京酱肉丝

图3.7 京酱肉丝

（1）成菜标准要求

①感官：成丝均匀，散籽线油。

②质地：质地细嫩。

③口味及气味：咸鲜味浓，酱香浓郁。

（2）器具准备

①盛装器皿：40 cm圆盘或条盘。

②炉灶：燃油或燃气的炒菜灶。

③炊具：炒勺、双耳炒锅。

（3）原料

①主料：里脊肉250 g。

②辅料：春卷皮75 g。

③调料：甜酱45 g，料酒10 g，盐1 g，味精2 g，水淀粉10 g，色拉油2 kg（实耗75 g）。

（4）操作步骤

①刀工处理：将里脊肉切二粗丝并码芡。大葱切葱丝后用清水浸泡。春卷皮折叠摆放于盘的四周。

②炒制：锅炙好并加油烧至五成油温，下肉丝炒至散开发白以后捞出，去掉多余的油。加甜酱炒散籽，炒匀加味精起锅，装于盘中即可。

（5）操作要领

①甜酱须用料酒或者油稀释后才能炒均匀。

②炒时掌握油温及火候。

（6）适用范围

佐酒、佐饭均可。

（7）拓展菜品

酱爆肉、酱鸡丝。

【想一想】

① 简述炒的适用范围。

②简述制作回锅肉时需要特别注意什么问题?

目标教学3.2 熘制技艺

1）熘的定义

熘是将经过加工处理的丝、丁、片、块等小型或整形的原料，或油滑，或炸，或蒸，使其成熟后再入已炒好芡汁的锅中，让芡汁沾裹成菜的一种烹制方法。

2）熘的工艺流程

刀工处理→初步熟处理→裹汁成菜。

3）适用范围

鸡肉、兔肉、鱼肉等成形较小，质地细嫩的菜肴原料。

4）油温火候

中、小火，低油温。

5）分类

按菜品质地的要求分，有炸熘、鲜熘两种。

菜例 3.2.1 鲜熘鸡丝

（1）成菜标准要求

① 感官要求：鸡丝粗细均匀，色泽洁白，岔色美观。

②质地：爽滑细嫩。

③口味及气味：咸鲜味美。

（2）器具准备

①盛装器皿：40 cm圆盘或条盘。

②炉灶：燃油或燃气的炒菜灶。

③炊具：炒勺、双耳炒锅。

（3）原料

①主料：鸡脯肉250 g。

②辅料：绿豆芽50 g，青红柿子椒各25 g，大葱10 g，鸡蛋2个。

（4）操作步骤

①刀工处理：将鸡脯肉顺筋切成二粗丝，用盐、清水、蛋清、水淀粉码芡。绿豆芽去

头去尾，青红柿子椒切三粗丝，大葱切马耳朵形，姜切姜丝。

②兑汁：取一码碗，加盐、味精、胡椒粉、鲜汤、水淀粉兑成滋汁。

③炒制：炒锅炙好后，放入色拉油，烧至三成热，下鸡丝用竹筷轻轻拨散，待鸡丝散籽发白时连油倒入油漏之中。锅中留油少许，加各种辅料炒至断生，烹入滋汁，下鸡丝、马耳朵形葱，推转起锅即成。

（5）操作要领

①切鸡丝的刀法：一般用拖刀切。

②掌握熘的油温，码芡时用轻浆薄芡，滋汁应清一点、少一点。

（6）适用范围

佐酒、佐饭均可。

（7）拓展菜品

鲜熘鱼片、鲜熘肉片、鲜熘兔丝。

菜例 3.2.2 鱼香油条

（1）成菜标准要求

①感官要求：色泽红亮金黄。

②质地：酥软。

③口味及气味：鱼香味正。

（2）器具准备

① 盛装器皿：40 cm圆盘或条盘。

②炉灶：燃油或燃气的炒菜灶。

③炊具：炒勺、双耳炒锅。

（3）原料

①主料：油条4根。

②辅料：大葱20 g。

③调料：泡辣椒75 g，姜35 g，蒜40 g，料酒10 g，白糖40 g，醋35 g，味精3 g，水淀粉10 g，色拉油2 kg（实耗75 g）。

（4）操作步骤

①刀工处理：泡椒去籽剁细，姜、蒜分别切细米，大葱切葱粒待用。

②加热处理：锅炙好下油，烧至六成油温放入油条，炸至外酥内软时起锅，改刀按一定的形状装盘。锅中留油少许，加泡椒末，姜、蒜米炒至出色出味，烹入料酒，加鲜汤；加白糖、味精，勾入水淀粉；加醋、葱粒，淋涨油。待汁稠发亮以后，起锅淋于油条上即可。

（5）操作要领

①达到鱼香味，掌握各调料的比例。

②滋汁的用量与油条相吻合。

（6）适用范围

佐酒、佐饭均可。

（7）拓展菜品

鱼香脆皮鸡、鱼香酥肉。

菜例 3.2.3　糖醋里脊

图3.8　糖醋里脊

（1）成菜标准要求

①感官要求：色泽金黄。

②质地：外酥里嫩。

③ 口味及气味：甜酸醇正。

（2）器具准备

①盛装器皿：40 cm圆盘或条盘。

②炉灶：燃油或燃气的炒菜灶。

③炊具：炒勺、双耳炒锅。

（3）原料

①主料：里脊肉250 g。

②辅料：鸡蛋两个，大葱10 g， 红椒1/4个。

③调料：水淀粉75 g，番茄酱75 g，白醋20 g，姜米10 g，白糖20 g，盐3 g，料酒5 g，色拉油3 kg（实耗100 g）。

（4）操作步骤

①刀工处理：里脊肉洗净，去掉筋络，改为1 cm长的厚片。用刀背拍松，两面剞十字花刀，改一字条或梭子块，用料酒、盐码味。红椒、大葱切细丝，用清水浸泡。

②保质工艺：鸡蛋，水淀粉、水调成全蛋糊。

③炒制：把锅炙好，下油烧至五成热后，将裹上全蛋糊的肉投入锅中，炸至定型。再将温度升高，再次投入肉片，炸至金黄捞出。锅中留少许的油，下番茄酱、姜米炒香，下鲜汤、盐、 白糖，勾入水淀粉，放入少许的白醋。再放入炸好的里脊肉，淋上少许的涨油，撒上葱丝即可。

（5）操作要领

①掌握好汁的水量，以亮汁、亮油，均匀地沾上汁为度。

②炸的时间应掌握好，过久会导致过多地排泄水分，而使肉的质地变老。

③醋下锅后受热易挥发，所以投入白醋的比例应适宜，灵活运用。

（6）适用范围

佐酒、佐饭均可。

（7）拓展菜品

糖醋鸡柳、糖醋鱼排。

菜例 3.2.4 孜然鱼串

（1）成菜标准要求

①感官要求：色泽金黄。

②质地：外酥内嫩。

③口味及气味：孜然味突出，风味独特。

（2）器具准备

①盛装器皿：40 cm圆盘或条盘。

②炉灶：燃油或燃气的炒菜灶。

③炊具：炒勺、双耳炒锅。

（3）原料

①主料：花鲢鱼1尾。

②辅料：青红椒各两个，芽菜10 g，洋葱20 g，香菜10 g，小葱10 g，鸡蛋两个。

③调料：姜10 g，蒜10 g，辣椒面20 g，花椒面10 g，孜然粉10 g，料酒10 g，白糖2 g，味精3 g，盐3 g，水淀粉10 g，面包糠150 g。

（4）操作步骤

①刀工处理：鱼粗加工以后，去掉鱼骨，将鱼改为1.5 cm^3的丁，然后用盐、料酒、姜片、葱段码味。青红椒、洋葱分别切颗粒；小葱切葱花，花生仁用油炸以后去皮压碎待用。

②保质工艺：将鸡蛋、水淀粉、水调制成全蛋糊，先将鱼丁裹上一层全蛋糊，再均匀粘上面包糠。

③炒制：锅炙好以后，放油烧至五成油温，先将鱼丁用竹签串好，再放入油锅炸至金黄、外酥内嫩时起锅。锅中留油少许，放辣椒面、青红椒粒、芽菜、洋葱粒炒香、放花椒面、孜然粉一同炒香，下葱花起锅，将汁淋于鱼串上即可。

（5）操作要领

①改刀时鱼丁应大小一致。

②掌握炸的时间及火候。

③炒味料时注意时间及火候，切忌发软、发绒。

（6）适用范围

佐酒、佐饭均可。

（7）拓展菜品

香辣鱼排、鱼香猪排。

菜例 3.2.5　茄汁瓦块鱼

（1）成菜标准要求

①感官要求：色泽金黄。

②质地：外酥内嫩。

③口味及气味：番茄汁味正。

（2）器具准备

①盛装器皿：40 cm圆盘或条盘。

②炉灶：燃油或燃气的炒菜灶。

③炊具：炒勺、双耳炒锅。

（3）原料

①主料：无头花鲢鱼或白鲢鱼、草鱼1条，1.5~2 kg。

②辅料：大葱10 g。

③调料：番茄酱50 g，白醋20 g，盐3 g，料酒10 g，胡椒粉2 g，味精2 g，水淀粉20 g，干淀粉20 g，姜、蒜米各10 g，色粒油3 kg（实耗100 g）。

（4）操作步骤

①刀工处理：将鱼去鳞、去鳃、去内脏清洗干净，置于墩子上。将鱼片摊开后，改为斧棱片，用姜片、葱节、料酒、盐、胡椒粉码味10分钟。

②炸制：将鱼片吸干水分，先码水淀粉，再扑干淀粉，放入五成油温的锅中炸至金黄、外酥内嫩时起锅。待重新升至六成油温时，抢炸后出锅，摆于盘中。

③炒制：锅中留油少许，下番茄酱、姜米、蒜米，炒至翻沙、红润时，加水、盐、白糖、白醋、味精。勾入水淀粉淋入涨油， 将番茄汁淋于鱼片上，撒上泡椒丝和葱丝即可。

（5）操作要领

①鱼片一定要清洗干净，否则腥味较重。

②码味时盐量一定要控制好，不能太咸。

③炸时油温不能太低，否则不成形；也不能太高，否则容易炸煳，达不到外酥内嫩的效果。

④汁的量与鱼片的量相吻合。

（6）适用范围

佐酒、佐饭均可。

（7）拓展菜品

茄汁脆皮鱼。

【想一想】

①鲜熘鸡丝的制作关键点是什么？

②茄汁瓦块鱼用到的调料有哪些？

③糖醋里脊的糊用到了哪些调料？在制作时有哪些注意点？

目标教学3.3　爆制技艺

1）爆的定义

爆是指将鲜嫩无骨的动物性烹饪原料经加工成型，上浆或不上浆，再用不同温度的油进行初步熟处理后，下配料进行加热，再下入主料、勾入芡汁成菜的烹调方法。

2）爆的工艺流程

选料→ 刀工处理→ 初步熟处理→炒辅料、部分调料→ 烹芡汁→ 用手勺搅拌→ 装盘。

3）适用范围

猪肚、鸡胗等成型较小、质地脆嫩的菜肴原料。

4）油温火候

大火、高油温。

5）爆的分类

爆主要分为火爆、宫爆两种。两种的油温火力相同，只在味型上有区别。火爆一般是咸鲜味，宫爆一般是煳辣荔枝味。

菜例 3.3.1　火爆腰花

图3.9　火爆腰花

（1）成菜标准要求

①感官：形如凤尾。

②质地：口感脆嫩。

③气味及口味：咸鲜微辣，泡椒浓郁。

（2）器具准备

①盛装器皿：40 cm圆盘或条盘 。

②炉灶：燃油或燃气的炒菜灶。

③炊具：炒勺、双耳炒锅。

（3）原料

①主料：猪腰1对约250 g。

②辅料：芹菜100 g，大葱30 g。

③调料：泡椒100 g，姜30 g，蒜30 g，花椒5 g，味精5 g，白糖3 g，醋2 g，料酒3 g，水淀粉20 g，色拉油3 kg（实耗200 g）。

（4）操作步骤

①刀工处理：猪腰撕去蒙皮，清洗干净，一分为二，去除腰臊，在里层剞花刀。先斜刀、再直刀，三刀一断、前断后不断，然后改为凤尾条待用。芹菜洗净，切成段；大葱切成马耳朵形；泡椒部分剁细，部分切断；姜、蒜拍破。

②炒制：锅炙好以后，加油烧至五成油温。将腰花码芡（加盐、料酒、水淀粉），然后将腰花入锅。待散籽发白以后，将腰花倒入油漏中。锅中留油少许，放入大蒜、姜、整只泡椒、花椒，再放剁细的泡椒末，用小火炒香、出色。然后放入芹菜、腰花、葱，加少许白糖、醋、味精，勾入少许水淀粉，起锅装盘即可。

（5）操作要领

①切腰花的刀法及规格要适当。

②掌握腰花炒的火候及受热的时间。

（6）食用建议

①最佳食用温度：65~75 ℃。

②最佳食用时间：从菜品出锅至食用，以不超过10分钟为宜。

（7）适用范围

佐酒、佐饭均可。

（8）拓展菜肴

泡椒肉丝、泡椒鸡杂。

菜例 3.3.2　尖椒爆仔鸡

（1）成菜标准要求

①感官：大小均匀，色泽美观。

②质地：口感酥软。

③气味及口味：鲜辣爽口。

（2）器具准备

①盛装器皿：40 cm圆盘或条盘。

②炉灶：燃油或燃气的炒菜灶。

③炊具：炒勺、双耳炒锅。

（3）原料

①主料：仔公鸡350 g。

②辅料：青、红尖椒各50 g，鲜花椒20 g。

③调料：盐5 g，料酒2 g，姜4 g，蒜3 g，味精5 g，胡椒3 g，色拉油150 g，香油6 g。

（4）操作步骤

①刀工处理：将仔公鸡洗净、剁成1.5 cm见方的丁，用盐、料酒、胡椒码味10分钟。青、红尖椒切颗粒状，姜、蒜切指甲片。

②加热处理：锅中加油烧至六成油温，下鸡丁爆至金黄色捞出。锅中留油少许，下青红尖椒、鲜花椒、姜蒜片爆香，再下少许盐，加鸡丁炒入味。然后加味精、香油，起锅装盘即成。

（5）操作要领

①鸡丁大小均匀，以过油时掌握好温度。

②青红尖椒切成马耳朵形。

③炒青红尖椒时必须炒出香味，而且不能变色。

（6）食用建议

最佳食用温度：65~75 ℃。

（7）适用范围

佐酒、佐饭均可。

（8）拓展菜肴

主料可以选用鸭、兔肉等。

菜例 3.3.3　火爆鱿鱼卷

（1）成菜标准要求

①感官：色泽红亮，刀纹清晰。

②质地：口感脆嫩。

③口味及气味：咸鲜带酸甜，姜、葱、蒜味浓郁。

（2）器具准备

①盛装器皿：40 cm圆盘或条盘。

②炉灶：燃油或燃气的炒菜灶。

③炊具：炒勺、双耳炒锅。

（3）原料

①主料：鲜鱿鱼500 g。

②辅料：大葱50 g。

③调料：泡椒8根，约重25 g，姜10 g，蒜20 g，醋15 g，白糖13 g，酱油5 g，盐1.5 g，味精1 g，料酒10 g ，水淀粉20 g，鲜汤25 g，食用油50 g。

（4）操作步骤

①刀工处理：将鱿鱼撕去表皮、洗净，修去边沿，用两斜交叉刀法剞成麦穗花刀，再整理成长5 cm、宽4 cm的块。泡辣椒去子，姜、蒜分别加工成末状，大葱切成葱丁。

②兑汁：用码碗，将料酒、盐、味精、白糖、醋、水淀粉、鲜汤调制成鱼香味汁，备用。

③加热处理：炒锅置火上，放油烧至七成热时，将鱿鱼花放入油锅中爆制，见曲卷时出锅，倒入漏勺沥油。留少许油炒香泡椒，姜、蒜末，倒入鱿鱼卷，下入芡汁、大葱，翻炒成熟、淋入明油，起锅装盘即成。

（5）操作要领

①鱿鱼选用身躯部位。剞刀在未撕皮那面进行。

②如用碱发鱿鱼，先用沸水焯一下。

（6）食用建议

最佳食用温度：65~75 ℃

（7）适用范围

佐酒、佐饭均可。

（8）拓展菜肴

①味型可以选用泡椒味、荔枝味、咸鲜味等。

②辅料可以选用鲜荔枝肉。

菜例 3.3.4　火爆海螺

（1）成菜标准要求

①感官：色泽红亮。

②质地：口感脆嫩。

③口味：咸鲜带辣。

（2）器具准备

①盛装器皿：40 cm圆盘或条盘。

②炉灶：燃油或燃气的炒菜灶。

③炊具：炒勺、双耳炒锅。

（3）原料

①主料：水发海螺肉200 g。

②辅料：榨菜50 g，西芹50 g，红椒1个。

③调料：郫县豆瓣20 g，姜片5 g，蒜5 g，大葱10 g，盐2 g，味精1 g，醋5 g，白糖2 g，酱油3 g，料酒5 g，水淀粉10 g，鲜汤20 g，食用油50 g。

（4）操作步骤

①刀工处理：将海螺肉、榨菜洗净，切成长1.2 cm的片。西芹、红椒分别切成小菱形块，葱切马耳朵形，豆瓣剁细。

②兑汁：用码碗，将酱油、醋、白糖、味精、盐、料酒、鲜汤、水淀粉兑成调味汁，备用。

③加热处理：将海螺肉、辅料焯水待用。锅内烧油至六成热，放入海螺肉爆炒几下，倒入漏勺沥油。锅内留少许油，放姜、蒜片，榨菜炒香，倒入海螺肉、西芹、红椒调味汁，待收汁亮油，起锅装盘成菜。

（5）操作要领

海螺肉、西芹、红椒焯水时间不宜太长。

（6）食用建议

最佳食用温度：65~75 ℃。

（7）适用范围

佐酒、佐饭均可。

（8）拓展菜肴

味型可以选用鱼香味、荔枝味、咸鲜味等。

菜例 3.3.5 火爆嫩脆

（1）成菜标准要求

①感官：成型美观，紧汁亮油。

②质地：口感脆嫩。

③口味：咸鲜清爽。

（2）器具准备

①盛装器皿：40 cm圆盘或条盘。

②炉灶：燃油或燃气的炒菜灶。

③炊具：炒勺、双耳炒锅。

（3）原料

①主料：猪肚头150 g，猪腰100 g。

②辅料：水发玉兰片25 g，木耳20 g。

③调料： 泡椒5个，姜片5 g，蒜5 g，大葱10 g，胡椒粉1 g，盐2 g，味精1 g，白糖2 g，料酒5 g，芝麻油1 g，水淀粉30 g，鲜汤20 g，食用油50 g。

（4）操作步骤

①刀工处理：将肚头去筋后，左右交叉剞十字花刀，再改刀成约2 cm的菱形块。猪腰去掉腰臊，用同肚头刀工法处理。玉兰片切成小骨牌片，木耳撕成大小均匀的片，大葱和泡辣椒切成马耳朵形。

②兑汁：用码碗，将盐、胡椒粉、味精、料酒、芝麻油、水淀粉、鲜汤调成咸鲜味芡汁，备用。

③保质工艺：将肚头、腰花用料酒、盐、水淀粉拌匀。

④加热处理：将玉兰片、木耳焯水待用。炒锅置旺火上，烧油至七成油温时放入肚头、腰花炒散籽。倒出余油，加入配料翻炒几下，勾入芡汁，淋明油，待收汁亮油时起锅装盘即成。

（5）操作要领

①刀工处理要细致。

②火大、油热，动作快是关键。

（6）食用建议

最佳食用温度：65~75 ℃。

（7）适用范围

佐饭、零卖、普通筵席均可。

（8）拓展菜肴

肝腰合炒。

【想一想】

①火爆嫩脆用到的主料有哪些?

②火爆鱿鱼卷的制作步骤有哪些?

③怎样命名火爆腰花的刀工成型?

目标教学3.4 炸制技艺

1）炸的定义

炸是将经过加工处理的原料运用保质工艺，如挂糊、上浆、拍粉等方式，放入大量油的热油锅中，加热成熟的烹调方法。

2）炸的工艺流程

原料加工处理→保质工艺→入油锅炸至成熟。

3）适用范围

鸡、鸭、鱼肉等菜肴原料。

4）油温火候

大火、中油温。

5）分类

主要分为干炸、软炸、酥炸等。

菜例 3.4.1 牛肉酥饼

（1）成菜标准要求

①感官：色泽美观，表面略带金黄，形状大小均匀。

②质地：外酥里嫩。

③口味及气味：香味突出。

（2）器具准备

①盛装器皿：40 cm圆盘或条盘。

②炉灶：燃油或燃气的炒菜灶。

③炊具：炒勺、双耳炒锅。

（3）原料

①主料：牛肉160 g。

②辅料：香菇30 g，罐装玉米30 g，荸荠4个，糖醋黄瓜丝50 g。

③调料：姜、葱汁10 g，盐2 g，胡椒粉1 g，料酒5 g，芝麻油10 g，椒盐5 g，香菜10 g，蛋清浆50 g，嫩肉粉2 g，食用油1 kg（约耗50 g）。

（4）操作步骤

①刀工处理：将荸荠去皮洗净后，与牛肉、香菇切成如豌豆大的粒。香菜洗净切碎。

②制馅：将牛肉放入盆中，加精盐，料酒，姜、葱汁，胡椒粉，嫩肉粉，蛋清浆码味上浆，腌制半小时。然后，加香菇、甜玉米、荸荠、香菜，拌匀成牛肉馅料。

③加热处理：锅置中火上，放油烧至六成热，把牛肉馅制成直径4 cm、厚1 cm的饼状，置于锅中炸制成熟后，捞出放入盘子的一端，淋上芝麻油。在盘子的另一端放上拌好的糖醋黄瓜丝和椒盐味碟即可。

（5）操作要领

①选用新鲜且质量好的牛肉。

②主料、辅料切的形状要适宜。

③制饼状时要团紧，否则易散。

（6）食用建议

最佳食用温度：65~75 ℃。

（7）适用范围

筵席。

（8）拓展菜肴

椒盐虾饼、鱼香兔饼。

菜例 3.4.2　银锤凤翅

（1）成菜标准要求

①感官：色泽金黄，形似银锤，美观大方。

②质地：外酥里嫩。

③口味：麻、辣、鲜香、适口。

（2）器具准备

①盛装器皿：40 cm圆盘或条盘。

②炉灶：燃油或燃气的炒菜灶。

③炊具：炒勺、双耳炒锅。

（3）原料

①主料：鸡翅10个约500 g。

②辅料：芽菜30 g，青红尖椒各50 g，花生100 g，鸡蛋3个。

③调料：辣椒面5 g，花椒面2 g，味精3 g，盐3 g，姜、葱各10 g，料酒15 g，白糖2 g，醋2 g，香油15 g，水淀粉100 g，面粉50 g。

（4）操作步骤

①刀工处理：将鸡翅去翅尖，在转弯关节处改成二段，于一端将鸡肉剔至另一端，使3/4的鸡骨露出。用料酒、葱、姜、盐码味约10分钟，拣去姜、葱。

②炸制：锅中下油烧至四成熟，握住鸡翅的骨，将肉放入蛋泡淀粉中裹上一层入锅，断生后捞起逐一炸完。待锅中油至七成熟时，再入锅中复炸捞起。

③炒制：锅中留油少许，加芽菜末、青红尖椒末、油酥花生末、葱花、辣椒面、花椒面、味精炒匀，将鸡翅摆入盘中，将炒好的汁淋于鸡翅即可。

（5）操作要领

①因鸡翅大小不一，较大的鸡翅上的肉应修去一些，使其与较小的一致，这样可保持大小均匀。

②蛋泡淀粉的干稀应适度，以能粘上薄薄一层为宜。

（6）食用建议

最佳食用温度：不限。

（7）适用范围

佐酒、零卖、普通筵席均可。

（8）拓展菜肴

酥炸凤翅、桃仁凤翅、花仁凤翅、脆皮凤翅。

菜例 3.4.3　金毛酥虾

（1）成菜标准要求

①感官：色泽金黄，造型别致。

②质地：外酥里嫩。

③口味及气味：咸鲜微甜，并有乳香风味。

（2）器具准备

①盛装器皿：40 cm圆盘或条盘。

②炉灶：燃油或燃气的炒菜灶。

③炊具：炒勺、双耳炒锅。

（3）原料

①主料：基围虾16只，大小均匀。

②辅料：牛肉松50 g。

③调料：姜汁酒100 g，淀粉100 g，炼乳50 g，脆浆按比例调制，盐5 g，色拉油1 kg（实耗200 g）。

（4）操作步骤

①刀工处理：选体型均匀且较大的鲜活基围虾，剪去虾头，保留虾尾，并剥去虾壳。入碗加少许盐和姜汁酒，码味两分钟。

②准备工作：将肉松撕散成细丝，平铺于一洁净的瓷碗内；炼乳开罐后倒入碗内；将码味的虾吸干水分，逐个蘸上薄薄的干细淀粉待用。

③加热处理：锅中下油烧至六七成热，以小火保持油的温度，然后将虾逐个拖上一层均匀的脆浆，放入油锅内炸至膨大酥脆、色泽金黄时捞出。沥去余油，逐个拖上一层薄薄的炼乳，再放入盘内裹上一层金黄色的肉松。整个做完后，整齐地堆码于装有旺仔小馒头的竹编餐具中，略加点缀、装饰即可。

（5）操作要领

①所选的鲜活虾大小均匀，以便炸后整齐美观。

②掌握脆浆的比例。

（6）食用建议

最佳食用温度：65~75 ℃。

（7）适用范围

筵席。

（8）拓展菜肴

糯米酥虾。

菜例 3.4.4　蒜香排骨

图3.10　蒜香排骨

（1）成菜标准要求

①感官：色泽金黄。

②质地：外酥里嫩。

③口味及气味：咸鲜可口，蒜香味浓郁。

（2）器具准备

①盛装器皿：40 cm圆盘或条盘。

②炉灶：燃油或燃气的炒菜灶。

③炊具：炒勺、双耳炒锅。

（3）原料

①主料：猪排骨600 g。

②辅料：面包糠200 g，鸡蛋1个，糖醋生菜50 g。

③调料：大蒜泥50 g，盐4 g，姜片10 g，大葱10 g，椒盐5 g，嫩肉粉4 g，干淀粉20 g，食用油1 kg（约耗50 g）。

（4）操作步骤

①刀工处理：将猪排洗净后，宰成6 cm的段，用料酒、盐、姜、葱、蒜粒、嫩肉粉腌渍大约30分钟。将生菜整理切丝，调糖醋味汁备用。

②加热处理：将腌渍好的排骨用大火上笼蒸30分钟左右，出笼。将鸡蛋和淀粉调成全蛋淀粉。锅内加油烧至五成热时，将拖好蛋液、醮好面包糠的排骨放入油锅中炸至金黄色捞出，装入糖醋生菜的另一端即成。

（5）操作要领

①猪排最好选用肋骨。

②拖蛋液时要让排骨冷却后进行，醮面包糠时要压紧。

③醮了面包糠的排骨在炸制时，将油温控制在五成左右。

（6）食用建议

最佳食用温度：65~75 ℃。

（7）适用范围

零餐、筵席均可。

（8）拓展菜肴

红烧排骨、粉蒸排骨。

菜例 3.4.5　红油豆干

（1）成菜标准要求

①感官：色泽红亮。

②质地：干香滋润。

③口味：微辣回甜。

（2）器具准备

①盛装器皿：30 cm圆盘或条盘。

②炉灶：燃油或燃气的炒菜灶。

③炊具：炒勺、双耳炒锅。

（3）原料

①主料：豆干200 g。

②辅料：大葱30 g。

③调料：红油50 g，盐5 g，白糖3 g，花椒5 g，姜5片，色拉油，香料（八角、桂皮、山奈）。

（4）操作步骤

①刀工处理：豆干洗净，再对角切成小三角块。

②加热处理：锅洗净置旺火上，下油烧至六成油温下豆干炸至紧皮捞出，倒去炸油。另下净油少许，然后下葱节、姜片煸炒至香，加适量清水，放香料，用中火烧开熬制5~10分钟，打去料渣，再下豆干烧沸收汁。见汁水快干时，下红油、味精，待汁干吐油时，即可起锅，待冷却以后装盘即可。

（5）操作要领

①炸豆干时，油温不能太高，过高会使表面炸焦、发硬。

②收汁时火候不宜过大，注意汁水四周，避免煳边。汁水一定要收干，水分不干一是光泽差，二是不易保管。

（6）食用建议

最佳食用温度：不限。

（7）适用范围

佐酒、零卖、普通筵席均可。

（8）拓展菜肴

红油兔丁。

【想一想】

①蒜香排骨操作要领有哪些？

②简述金毛酥虾的制作过程。

③牛肉酥饼用到的原料有哪些？

目标教学3.5　煎制技艺

1）煎的定义

煎是指以少量油加入锅内，将加工处理成泥、粒状的原料做成饼状，或将原料切成片形拍粉或挂糊，然后放入锅中用小火煎熟并至两面酥脆呈金黄色的烹调方法。

2）煎的工艺流程

刀工处理→拍粉或者调蛋糊→煎制。

3）适用范围

适用于猪肉、牛肉、鸡、鸭、鱼、虾、鸡蛋等菜肴原料。

4）油温火候

小火，中、低油温。

菜例3.5.1　家常豆腐

（1）成菜标准要求

①感官要求：色泽金黄，成型不烂。

②质感：外酥里嫩。

③气味及口味：咸鲜微辣。

（2）器具准备

①盛装器皿：30 cm圆形盘或条盘。

②炉灶：燃油或燃气炒菜灶。

③炊具：炒勺、双耳炒锅。

（3）原料

①主料：豆腐400 g。

②辅料：后腿尖肉75 g，蒜苗30 g。

③调料：豆瓣50 g，泡椒50 g，姜8 g，蒜7 g，盐2 g，白糖2 g，淀粉15 g，色粒油2 kg（实耗100 g），料酒10 g。

（4）操作步骤

①刀工处理：将豆腐切为宽2 cm、长4 cm的长方形块。后腿尖肉去皮切成薄片。豆瓣、泡椒剁细，姜、蒜宰成米，蒜苗切马耳朵形状。

②加热处理：把锅炙好，下少许油，把豆腐入锅中煎至二面黄时，出锅使用。锅中加油，加肉片炒香，下泡椒、豆瓣炒香后，加姜、蒜米，炒至出色、出味。加鲜汤、下豆腐用小火烧入味后，加白糖、味精，加入水淀粉，下马耳朵形大葱，推转起锅即成。

（5）操作要领

①煎豆腐控制火候，也可改为油炸。

②下鲜汤的量与原味吻合。

（6）食用建议

①最佳食用温度：60~75 ℃。

②最佳食用时间：从菜品出锅至食用，以不超过10分钟为宜。

（7）适用范围

佐饭、普通筵席均可。

（8）拓展菜肴

砂锅豆腐。

菜例 3.5.2　合川肉片

（1）成菜标准要求

①感官要求：色泽棕黄，厚薄均匀，芡汁适宜。

②质感：外酥里嫩。

③气味及口味：荔枝味正。

（2）器具准备

①盛装器皿：30 cm凹盘。

②炉灶：燃油或燃气炒菜灶。

③炊具：炒勺、双耳炒锅。

（3）原料

①主料：去皮腿尖肉350 g。

②辅料：水发玉兰片50 g，豌豆尖50 g，水发木耳50 g，葱10 g，鸡蛋两个。

③调料：醋30 g，糖30 g，姜20 g，蒜20 g，水淀粉50 g，盐3 g，料酒5 g，鲜汤10 g，干淀粉2 g。

（4）操作步骤

①刀工处理：将肉片切成长5 cm、宽3 cm、厚0.2 cm的片，加盐和加入蛋的淀粉码好。玉兰片切成略小于肉片的薄片，葱切成马耳朵形。

②兑汁：取码碗将酱油、白糖、醋、水淀粉、鲜汤、料酒兑成滋汁。

③加热处理：锅炙后，逐一下肉片铺贴好，用小火煎烙呈茶黄色再翻面烙制，待二面皆呈茶黄色时，用铲分开粘连部分，再下入八成油温旺油中抢炸一下捞起。锅中留油，投入姜、蒜片炒香，即下玉兰片、木耳、葱、豌豆尖、鲜汤炒匀，烹入滋汁，下肉片簸匀起锅即成。

（5）操作要领

①煎烙火宜小，要勤转锅，以免烙煳。

②码淀粉干稀适度，过干表皮厚，食时顶牙；过稀上不起淀粉，食时不酥。

③复炸的目的是使肉片表面酥香，因此油温不能低于七成热。

④注意掌握好滋汁的量，以成菜亮油现汁为度。

（6）食用建议

①最佳食用温度：60~75 ℃。

②最佳食用时间：从菜品出锅至食用，以不超过10分钟为宜。

（7）适用范围

佐饭、普通筵席均可。

菜例 3.5.3 香煎银鳕鱼

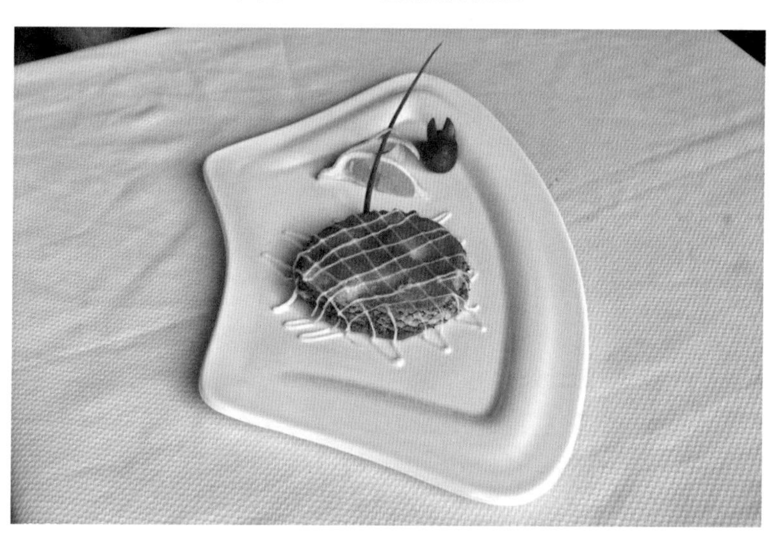

图3.11 香煎银鳕鱼

（1）成菜标准要求

①感官要求：色泽金黄。

②质感：外酥里嫩。

③气味及口味：鱼肉本味突出。

（2）器具准备

①盛装器皿：30 cm圆盘或条盘。

②炉灶：燃油或燃气炒菜灶。

③炊具：炒勺、双耳炒锅。

（3）原料

①主料：银鳕鱼350 g。

②调料：盐10 g，白糖5 g，黄酒5 g，生抽10 g，胡椒粉2 g，淀粉10 g，食用油20 g。

（4）操作步骤

①刀工处理：将银鳕鱼用刀具修成大小均匀的块状，洗净后放入盐、黄酒和白胡椒粉腌渍半小时后，在银鳕鱼块表面拍薄薄一层干淀粉。

②加热处理：大火加热煎锅中的油，逐个将鳕鱼块双面各煎炸3分钟。倒出煎锅中多余的油，烹入生抽和白糖，略收汁即可。

（5）操作要领

①煎烙火宜小，要勤转锅，以免烙煳。

②选择锅底较厚，带均匀加热处理的煎锅更易操作。

③拍淀粉应该铺得均匀。

（6）食用建议

①最佳食用温度：60~75 ℃。

②最佳食用时间：从菜品出锅至食用，以不超过10分钟为宜。

（7）适用范围

佐饭、普通筵席均可。

菜例 3.5.4　鱼香煎鸡腿

（1）成菜标准要求

①感官要求：色泽红亮。

②质感：外酥里嫩。

③气味及口味：鱼香味突出。

（2）器具准备

①盛装器皿：30 cm圆盘或条盘。

②炉灶：燃油或燃气炒菜灶。

③炊具：炒勺、双耳炒锅。

（3）原料

①主料：鸡腿3个。

②辅料：大葱3根。

③调料：泡红椒30 g，姜米10 g，蒜米20 g，盐1 g，白糖10 g，醋10 g，酱油5 g，黄酒5 g，生水淀粉50 g，食用油20 g，鲜汤25 g。

（4）操作步骤

①刀工处理：鸡腿洗净。在鸡腿侧面顺着腿骨深深地划刀直至露出鸡腿骨，将鸡腿骨周围的肉剥离开，取出腿骨。将整只鸡腿肉平摊开，去掉筋膜，肉厚的地方用刀切花刀，再用刀背将肉敲松。处理好的鸡腿肉加老抽和料酒抹匀，腌制20分钟。

②加热处理：取一平底锅，放油烧至三成热时将鸡腿肉放入，用小火将鸡腿肉煎成两面金黄后盛出，宰成宽约3 cm的鸡块，备用。锅内留油，炒香泡椒末后加姜、蒜米，加水

调味勾入芡汁等，待紧汁亮油后淋于鸡块上即可。

（5）操作要领

①煎烙火宜小。

②选择锅底较厚，带均匀加热处理的煎锅更易操作。

③鱼香味汁调制要甜酸适度。

（6）食用建议

①最佳食用温度：60~75 ℃。

②最佳食用时间：从菜品出锅至食用，以不超过10分钟为宜。

（7）适用范围

佐饭、普通筵席均可。

菜例 3.5.5　椒盐鸡饼

（1）成菜标准要求

①感官要求：色泽金黄。

②质感：酥嫩结合。

③气味及口味：醇厚咸鲜。

（2）器具准备

①盛装器皿：30 cm条盘。

②炉灶：燃油或燃气炒菜灶。

③炊具：炒勺、双耳炒锅。

（3）原料

①主料：鸡脯肉200 g。

②辅料：火腿肠20 g，香菇10 g，荸荠50 g，甜玉米10 g，肥膘肉60 g。

③调料：精盐5 g，味精1 g，椒盐5 g，鸡蛋清25 g，水淀粉45 g，芝麻油10 g，菜油100 g。

（4）操作步骤

①刀工处理：将鸡脯肉、荸荠切成小丁，肥膘肉和香菇切成碎米状。将主辅料加盐、味精、鸡蛋清、水淀粉搅拌均匀制成鸡肉馅。

②加热处理：取一平底锅，放菜油烧至四成热，将鸡肉馅捏成厚1 cm、直径为4 cm的饼状放入。用小火将鸡肉饼煎至底酥、面嫩，捞出装盘。配上椒盐碟即成。

（5）操作要领

①主辅料的配比要合适。

②油温不能太高，以三四成热为宜。

（6）食用建议

①最佳食用温度：60~75 ℃。

②最佳食用时间：从菜品出锅至食用，以不超过10分钟为宜。

（7）适用范围

佐饭、普通筵席均可。

【想一想】

①家常味型用的调料有哪些?

②简述合川肉片制作过程。

③椒盐鸡饼的操作要领是什么?

目标教学3.6 塌制技艺

1）塌的定义

塌是将主料用调料腌渍，再拍粉或挂鸡蛋糊（或用鸡蛋液），用油煎至双面金黄，再放入调料和汤汁，然后用微火塌尽汤汁成菜的烹调方法。

2）塌的工艺流程

刀工处理→腌渍→拍粉或者调蛋糊→煎制→塌制→收汁成菜。

3）适用范围

质地细嫩的菜肴原料。

4）油温火候

小火，中、低油温。

菜例 3.6.1 锅塌豆腐

图3.12 锅塌豆腐

（1）成菜标准要求

①感官要求：色泽金黄，成型不烂。

②质感：清鲜软嫩。

③气味及口味：咸鲜适当。

（2）器具准备

①盛装器皿：30 cm凹盘。

②炉灶：燃油或燃气炒菜灶。

③炊具：炒勺、双耳炒锅。

（3）原料

①主料：豆腐500 g。

②辅料：猪肉馅（瘦肥比例3：7）75 g，香菜10 g。

③调料：盐10 g，味精5 g，酱油4 g，姜末5 g，葱5 g，鸡蛋2个，面粉15 g，色拉油50 g，鲜汤250 g，水淀粉适量。

（4）操作步骤

①刀工处理：将豆腐放在淡盐水里煮几分钟（去除豆腥味），切宽为3 cm、长5 cm、厚0.3 cm的长方形块22片。葱切马耳朵形。

②加热处理：把锅炙好，下少许油，把豆腐入锅中煎至二面黄时，出锅使用。锅中加油，加肉片炒香，下泡椒、豆瓣炒香后，加姜、蒜米，炒至出色，出味、加鲜汤。下豆腐用小火烧入味后，加白糖、味精，勺入水淀粉，下葱，推转起锅即成。

（5）操作要领

①煎豆腐控制火候，也可改为油炸。

②下鲜汤的量与原味吻合。

（6）食用建议

①最佳食用温度：60～75℃。

②最佳食用时间：从菜品出锅至食用，以不超过10分钟为宜。

（7）适用范围

佐饭、普通筵席均可。

（8）拓展菜肴

砂锅豆腐。

菜例 3.6.2　锅塌鲜鱼

（1）成菜标准要求

①感官要求：色泽金黄，鱼为整型而美观。

②质感：清鲜软嫩。

③气味及口味：鱼肉鲜香。

（2）器具准备

①盛装器皿：30 cm凹盘。

②炉灶：燃油或燃气炒菜灶。

③炊具：炒勺、双耳炒锅。

（3）原料

①主料：鲜草鱼肉约500 g。

②辅料：香菇10 g，玉兰片10 g，姜丝、葱丝各10 g。

③调料：盐10 g，味精5 g，胡椒粉4 g，香油5 g，鸡蛋两个，面粉100 g，色拉油50 g，鲜汤250 g。

（4）操作步骤

①刀工处理：将鱼肉洗净取净肉，斜片成长3 cm、宽2 cm、厚0.2 cm的片，加盐、料酒，葱叶腌渍。鸡蛋放入碗中，加入少许水和面粉搅成蛋黄糊，香菇、玉兰片切成丝。

②加热处理：炒锅炙好后，用小火加油烧至四成热时，将鱼片醮上一层面粉，再醮上一层鸡蛋糊。逐片放入炒勺内，用小火慢慢煎至两面呈金黄色，加入鲜汤、香菇丝、玉兰片丝。调味后加热至熟，待汤汁将尽时，淋上香油，装盘撒上姜丝、葱丝即可。

（5）操作要领

①鱼片应大小均匀，厚薄一致。

②注意火候。

（6）食用建议

①最佳食用温度：60 ~ 75 ℃。

②最佳食用时间：从菜品出锅至食用，以不超过10分钟为宜。

（7）适用范围

佐饭、普通筵席均可。

（8）拓展菜肴

可以选用鲈鱼、花鲢鱼等。

菜例 3.6.3　锅塌蒲菜

（1）成菜标准要求

①感官要求：色泽金黄，形态美观大方。

②质感：香鲜软嫩。

③气味及口味：清淡爽口。

（2）器具准备

①盛装器皿：30 cm条盘。

②炉灶：燃油或燃气炒菜灶。

③炊具：炒勺、双耳炒锅。

（3）原料

①主料：净蒲菜200 g。

②辅料：香菇10 g，熟火腿15 g，姜丝、葱丝各10 g。

③调料：盐5 g，味精1 g，香油5 g，鸡蛋两个，面粉10 g，湿淀粉10 g，猪油50 g，鲜汤250 g。

（4）操作步骤

①刀工处理：将蒲菜切成长6 cm的段，入沸水锅中焯过捞出，控水后加少许精盐。香菇、火腿切成丝。

②挂糊：将鸡蛋和湿淀粉调成全蛋糊。将蒲菜醮上一层薄薄的面粉，再放入糊内抓匀后，分两排摆入盘内。

③加热处理：炒锅炙好后，用小火加油烧至四成热时，用小火慢慢将蒲菜煎至两面呈金黄色。加入鲜汤、香菇丝、火腿丝、姜丝，调味后加热至熟。待汤汁将尽时，淋上香油，装盘撒上葱丝即可。

（5）操作要领

①蒲菜在挂糊前要先拍一层面粉。

②注意火候。

（6）食用建议

①最佳食用温度：60～75℃。

②最佳食用时间：从菜品出锅至食用，以不超过10分钟为宜。

（7）适用范围

佐饭、普通筵席均可。

菜例 3.6.4　锅塌里脊片

（1）成菜标准要求

①感官要求：色泽金黄，形态美观大方。

②质感：外软里嫩。

③气味及口味：咸鲜适口，有浓郁的油香味。

（2）器具准备

①盛装器皿：30 cm条盘或圆盘。

②炉灶：燃油或燃气炒菜灶。

③炊具：炒勺、双耳炒锅。

（3）原料

①主料：里脊肉200 g。

②辅料：姜末、葱末各5 g。

③调料：盐5 g，味精1 g，酱油0.5 g，料酒10 g，香油5 g，鸡蛋2个，面粉20 g，湿淀粉50 g，花生油200 g（实耗50 g），鲜汤50 g。

（4）操作步骤

①刀工处理：将猪里脊肉加工成长6 cm、宽2 cm、厚0.3 cm的片，将肉纳入碗中码味。姜、蒜加工成末状。

②挂糊：将鸡蛋和湿淀粉、面粉调成全蛋糊。将里脊肉醮上一层薄薄的面粉，再放入糊内抓匀后，分两排摆入盘内。

③加热处理：炒锅炙好后，用小火加油烧至四成热时，用小火慢慢将里脊肉煎至两面呈金黄色捞起待用。加入鲜汤，姜、蒜末，调味后加热至熟。用小火焖至汤汁收干后，淋上香油，装盘即可。

（5）操作要领

①猪里脊肉应该码味。

②注意火候。

（6）食用建议

①最佳食用温度：60～75 ℃。

②最佳食用时间：从菜品出锅至食用，以不超过10分钟为宜。

（7）适用范围

佐饭、普通筵席均可。

【想一想】

①塌的定义是什么？

②锅塌豆腐的制作流程是什么？

目标教学3.7 贴制技艺

1）贴的定义

贴是指使用几种原料黏合在一起，形成饼状或厚片状，放在锅中煎熟，使贴锅的一面酥脆、另一面软嫩的烹调方法。

2）贴的工艺流程

刀工处理→拍粉或者调蛋糊→贴制成菜。

3）适用范围

适用于鸡、鱼、虾、猪肉、豆腐等菜肴原料。

4）油温火候

小火，中、低油温。

菜例 3.7.1 锅贴黄鱼

（1）成菜标准要求

①感官要求：色泽金黄。

②质感： 酥松不腻。

③气味及口味：鲜嫩肥美。

（2）器具准备

①盛装器皿：30 cm条盘或圆盘。

②炉灶：燃油或燃气炒菜灶。

③炊具：炒勺、双耳炒锅。

（3）原料

①主料：鲜黄花鱼1尾，约200 g。

②辅料：猪肥膘肉250 g，虾胶150 g。

③调料：盐7 g，味精3 g，料酒15 g，香油10 g，胡椒粉2 g，蛋清豆粉50 g，干豆粉50 g，熟花生油100 g。

（4）操作步骤

①刀工处理：将大黄鱼洗净片成长约5 cm、宽3.5 cm、厚0.3 cm的片，放入盘内，加入料酒、味精、盐、胡椒粉拌匀，腌渍入味。猪肥膘肉片成与鱼片同样大小的片，用刀尖戳几下，防止受热卷缩。

②制坯：在肥膘肉片上撒少许干细淀粉，放上用虾胶、盐、味精、胡椒粉、料酒、蛋清豆粉拌匀制成的虾馅，制成厚0.5 cm的虾片。再将鱼片放在虾馅上，确保肥膘肉片、虾馅、鱼肉3片大小均匀。

③加热处理：炒锅炙好后，用小火加油烧至五成热时，用小火慢慢将制好的鱼坯（下锅前均匀抹上一层干豆粉）煎至底部酥黄。黄鱼、虾馅成熟时，滗去余油，淋上香油，装盘即可。

（5）操作要领

①在贴制的时候，要注意保持形状的整齐，

②贴制时间以鱼肉成熟为度。

（6）食用建议

①最佳食用温度：60～75 ℃。

②最佳食用时间：从菜品出锅至食用，以不超过10分钟为宜。

（7）适用范围

佐饭、普通筵席均可。

菜例 3.7.2 锅贴虾

（1）成菜标准要求

①感官要求：色泽金黄。

②质感：酥香不腻。

③气味及口味：咸鲜味美。

（2）器具准备

①盛装器皿：30 cm条盘或圆盘。

②炉灶：排灶。

③炊具：炒勺、平底煎锅。

（3）原料

①主料：虾仁200 g，去皮荸荠50 g，香菇50 g。

②辅料：猪肥膘肉200 g，火腿肉100 g，香菜150 g。

③调料：姜、葱各25 g，盐6 g，味精3 g，料酒20 g，香油10 g，胡椒粉3 g，鸡蛋2个，干豆粉25 g，油20 g，鲜汤50 g。

（4）操作步骤

①刀工处理：将姜、葱打烂取汁，荸荠剁成末状，香菇切成细末状。香菜摘嫩叶洗净，鸡蛋取蛋清备用。将煮好的肥膘肉切成24片，火腿肉也切成24片薄片。

②制虾馅：将虾仁洗净，用刀背捶成细茸，放入蛋清、鲜汤、荸荠、香菇、姜葱料酒汁、胡椒粉、盐、味精和湿淀粉搅拌成虾馅，待用。

③制坯：将肥膘肉片两面都醮上干豆粉，将虾馅满满地铺在肥膘肉片上，再将火腿片放在虾馅上。

④贴制：炒锅炙好后，用小火加油烧至五成热时，用小火慢慢将制好的虾坯煎至底部酥黄。虾肉、火腿成熟时，滗去余油，淋上香油，装盘即可。

（5）操作要领

①猪肥膘肉上的水分及油脂要擦干净，否则易使虾泥脱落。

②贴制时火不宜太大。

（6）食用建议

①最佳食用温度：60～75℃。

②最佳食用时间：从菜品出锅至食用，以不超过10分钟为宜。

（7）适用范围

佐饭、普通筵席均可。

【想一想】

①锅贴制法的工艺流程是什么？

②锅贴黄鱼的制作过程是什么？

③简述锅贴虾的原料构成。

目标教学3.8　烧制技艺

1）烧的定义

烧是指将加工整理、改刀成熟并经初步熟处理的原料，加适量汤汁和调味品，先用旺火烧沸，再用小火烧透至汁浓稠入味成菜的烹调方法。

2）烧的工艺流程

原料刀工处理→初步熟处理→炒制底料→烧制→装盘成菜。

3）适用范围

鸡、鸭、鱼、牛肉等动、植物性原料。

4）油温火候

先大火后小火，中、低油温。

5）烧的分类

主要分为红烧、白烧、干烧三大类。

菜例 3.8.1　干烧鱼

（1）成菜标准要求

①感官要求：色泽红亮，鱼型完整。

②质感：质地细嫩。

③气味及口味：咸鲜微辣。

图3.13　干烧鱼

（2）器具准备

①盛装器皿：30 cm圆形盘或条盘。

②炉灶：燃油或燃气炒菜灶。

③炊具：炒勺、双耳炒锅。

（3）原料

①主料：无头花鲢2条，重约500 g。

②辅料：肥膘肉60 g，葱白100 g。

③调料：泡辣椒20 g，豆瓣10 g，姜10 g，蒜10 g，料酒15 g，白糖2 g，醋1 g，味精3 g，辣椒面5 g。

（4）操作步骤

①刀工处理：将鱼粗加工后，用刀在鱼两面剞一字花刀，用盐、料酒、葱段、姜片将鱼码味10分钟。大葱切粒，老姜切粒，大蒜切粒，泡辣椒去籽剁细，豆瓣剁细待用。

②加热处理：锅中烧油至七成油温，下鱼炸至紧皮捞起。锅中留油少许，下肥肉粒、姜粒、蒜粒炒香后捞起，下泡辣椒，豆瓣，姜、蒜米用小火煵炒出香味，下清水熬制出味。然后加白糖、醋，用密漏打去料渣。将鱼放入锅中，烧沸以后用小火烧制，放入姜粒、蒜粒、肉粒，用竹签在鱼肉厚的地方打气孔，并适时翻面。待鱼全部熟透时，加味精，用炒勺把汤汁不断淋于鱼身上。见汤汁快干时，鱼起锅装入盘中，锅中汤汁用中火收至浓稠发亮，下葱粒，淋于鱼身即可。

（5）操作要领

①鱼剞花刀时不能太深，以破皮为度。

②烧时用小火，收汁时中火，以免煳锅。

③水一次加足，中途不加水。

（6）食用建议

①最佳食用温度：60 ~ 75 ℃。

②最佳食用时间：从菜品出锅至食用，以不超过10分钟为宜。

（7）适用范围

佐饭、筵席均可。

（8）拓展菜肴

干烧鳝段、干烧大虾。

菜例 3.8.2　麻婆豆腐

图3.14　麻婆豆腐

（1）成菜标准要求

①感官要求：色泽红亮。

②质感：质地细嫩。

③气味及口味：麻、辣、烫、鲜、嫩，富有火锅风味。

（2）器具准备

①盛装器皿：30 cm圆形盘或条盘。

②炉灶：燃油或燃气炒菜灶。

③炊具：炒勺、双耳炒锅。

（3）原料

①主料：豆腐500 g。

②辅料：蒜苗50 g，牛肉末50 g。

③调料：豆瓣100 g，豆豉20 g，辣椒面10 g，姜10 g，蒜10 g，白糖5 g，味精5 g，盐2 g，料酒10 g，淀粉20 g，鲜汤150 g，花椒面5 g。

（4）操作步骤

①刀工处理：将豆腐切成1.5 cm见方的丁，入沸水锅中氽一下，放入冷水中浸泡。将牛肉剁成牛肉末，姜、蒜切成姜、蒜米，蒜苗切成马耳朵形。

②加热处理：把锅炙好，放入少量的油，把肉末炒酥香。锅中另下油，下豆瓣，豆豉，姜、蒜米，辣椒面，炒香烹入料酒，下鲜汤（试味）。下豆腐，用火烧3分钟左右，待水分快干时，勾入水淀粉。下蒜苗、味精推转起锅，装入盘中，撒上花椒面即可。

（5）操作要领

①注意豆腐切制的规格整齐、划一。

②注意各种调料的用量。

③掌握勾入水淀粉的时间。

（6）食用建议

①最佳食用温度：60～75 ℃。

②最佳食用时间：从菜品出锅至食用，以不超过10分钟为宜。

（7）适用范围

佐饭、筵席均可。

（8）拓展菜肴

麻婆血旺、麻婆凉粉。

菜例 3.8.3　肉末茄子

图3.15　肉末茄子

（1）成菜标准要求

①感官要求：色泽红亮，收汁亮油。

②质感：质地细嫩。

③气味及口味：咸鲜微辣。

（2）器具准备

①盛装器皿：30 cm圆形盘或条盘。

②炉灶：燃油或燃气炒菜灶。

③炊具：炒勺、双耳炒锅。

（3）原料

①主料：茄子500 g。

②辅料：三线肉50 g，大葱30 g。

③调料：姜10 g，蒜10 g，料酒20 g，白糖5 g，味精5 g，醋3 g，盐1 g，水淀粉50 g，豆瓣75 g。

（4）操作步骤

①刀工处理：茄子对剖，剞十字花刀，然后改为三角形。姜、蒜分别剁细，大葱切葱粒。

②加热处理：锅中加油烧至六成油温，放茄子炸至紧皮捞出。锅中留油少许，放剁细的肉末炒酥香起锅待用。锅中重新加油、下豆瓣，姜、蒜粒用小火炒至色红发亮，加鲜汤、放茄子用小火烧3分钟左右。加白糖、醋、味精，勾入水淀粉，然后放肉末、味精、葱粒推匀起锅即可。

（5）操作要领

①茄子剞花刀时掌握深浅及刀距。

②掌握炸的油温及时间。

③掌握烧的时间及火候。

（6）食用建议

①最佳食用温度：60 ~ 75 ℃。

②最佳食用时间：从菜品出锅至食用，以不超过10分钟为宜。

（7）适用范围

佐饭、筵席均可。

（8）拓展菜肴

大蒜烧茄子、鱼香茄子。

菜例 3.8.4　红烧牛筋

（1）成菜标准要求

①感官要求：色泽红亮。

②质感：质地柔软。

③气味及口味：咸鲜微辣。

（2）器具准备

①盛装器皿：30 cm圆形盘或条盘。

②炉灶：燃油或燃气炒菜灶。

③炊具：炒勺、双耳炒锅。

（3）原料

①主料：水发牛筋400 g。

②辅料：火腿肠50 g，冬笋20 g，榨菜10 g，葱节5 g，菜心10 g。

③调料：泡辣椒20 g，郫县豆瓣10 g，鲜汤30 g，料酒10 g，味精3 g，盐2 g，姜米10 g，蒜米10 g，水淀粉15 g，猪化油50 g，糖2 g，醋1 g。

（4）操作步骤

①刀工处理：将牛筋切成长7 cm的一字条，焯水待用。火腿、榨菜、冬笋分别改成小一字条。

②加热处理：锅中下油烧热，放入豆瓣，泡椒末，姜、蒜米，炒至出色、出味，掺入鲜汤熬出味。打去渣料，放入少许的白糖，醋，放入牛筋、冬笋、火腿、榨菜、葱节、料酒、盐，改用小火煨至入味。勾入水淀粉、味精，待汁稠发亮时起锅，将菜心炒断生吃味后，围边即成。

（5）操作要领

①牛筋应选用发透了的，事先应焯水。

②由于榨菜有一定的咸味，所以烧制时应注意其他味料的投入量。

③榨菜的形状应略小于牛筋，以免盖住主料。

④如果榨菜味偏咸，可事先用沸水氽一次，然后再进行烧制。

（6）食用建议

①最佳食用温度：60～75 ℃。

②最佳食用时间：从菜品出锅至食用，以不超过10分钟为宜。

（7）适用范围

佐饭、筵席均可。

（8）拓展菜肴

红烧牛筋。

菜例 3.8.5　臊子豆腐

（1）成菜标准要求

①感官要求：滚烫不烂，收汁亮油。

②质感：质地滑嫩。

③气味及口味：臊子酥香，味咸鲜。

（2）器具准备

①盛装器皿：30 cm圆形凹盘。

②炉灶：燃油或燃气炒菜灶。

③炊具：炒勺、双耳炒锅。

（3）原料

①主料：石膏豆腐400 g。

②辅料：水发木耳75 g，猪瘦肉50 g，葱粒30 g。

③调料：盐5 g，姜米5 g，鲜汤30 g，味精5 g，胡椒2 g，水淀粉50 g，色拉油（实耗100 g）。

（4）操作步骤

①刀工处理：将豆腐切成2 cm见方的小丁，用沸水氽2次，然后用放入少量盐的沸水浸泡。瘦肉宰成细沫。木耳切碎。

②加热处理：锅中掺油烧五成热时，放入肉末炒至酥香。下姜米炒香。掺入鲜汤，下盐、味精、胡椒、木耳末。再将豆腐沥干水分放入，用小火烧至入味。勾入水淀粉，待汁稠发亮时，下葱粒推转起锅即成。

（5）操作要领

①用沸水氽的目的是除去豆腐中的石膏味，下盐泡的目的是护嫩。

②掺入的汤量应与原料的多少相适应。收汁时芡汁不能过稠，否则豆腐易起沱、不滑润；芡汁过清则无光泽，不细嫩。

（6）食用建议

①最佳食用温度：60～75 ℃。

②最佳食用时间：从菜品出锅至食用，以不超过10分钟为宜。

（7）适用范围

佐饭、筵席均可。

（8）拓展菜肴

红烧豆腐。

【想一想】

①烧的定义是什么？

②烧分为哪几类？

③茄子的炸制油温是多少？

目标教学3.9 焖制技艺

1）焖的定义

焖是指将经过炸、煸炒、焯水等初步熟处理的块状原料，倒入汤汁锅中，放入调味品，加入汤汁用旺火烧沸，盖上盖，小火长时间加热至原料刚熟软入味的烹调方法。

2）焖的工艺流程

原料刀工处理→初步熟处理→大火烧开调味→焖制熟软→成菜。

3）适用范围

鸡、鸭、鱼、蘑菇、鲜笋、白菜等菜肴原料。

4）油温火候

先大火再小火，中、低油温。

5）焖的分类

焖主要分为红焖、黄焖等。

菜例 3.9.1 黄焖鱼肚

（1）成菜标准要求

①感官要求：色泽茶红，汁浓发亮。

②质感：柔软爽口。

③气味及口味：咸鲜醇浓。

（2）器具准备

①盛装器皿：30 cm圆形凹盘。

②炉灶：燃油或燃气炒菜灶。

③炊具：炒勺、双耳炒锅。

图3.16 黄焖鱼肚

（3）原料

①主料：油发鱼肚。

②辅料：熟火腿50 g，冬笋50 g，水发冬菇50 g，胡萝卜200 g。

③调料：盐2 g，姜块30 g，葱节50 g，鲜汤500 g，味精2 g，水淀粉50 g，猪油50 g，香油10 g，冰糖色适量。

（4）操作步骤

①刀工处理：鱼肚改成长6 cm、宽4 cm、厚0.6 cm的块。冬笋、冬菇、火腿切成小一字条。胡萝卜削成圆球形，用沸水汩熟漂透。

②鱼肚处理：将鱼肚用沸水出水，再放入鲜汤中煨进鲜味。

③加热处理：净锅掺油烧至五成热，下姜、葱煵炒出香。掺鲜汤熬味后打去渣料，放鱼肚、火腿、冬菇及胡萝卜珠。下盐、味精、料酒、糖色用小火焖制入味后，勾入水淀粉，待汁稠发亮时起锅。装盘时将鱼肚置于盘中央，四周镶上胡萝卜珠，勾入麻油倒在原料上即可。

（5）操作要领

①糖色的量应适度。

②焖时的汤量应与原料的多少相吻合，勾芡后的汁能依附于原料上即可。

（6）食用建议

①最佳食用温度：60 ~ 75 ℃。

②最佳食用时间：从菜品出锅至食用，以不超过10分钟为宜。

（7）适用范围

佐饭、筵席均可。

菜例 3.9.2 酱焖茄子

（1）成菜标准要求

①感官要求：色泽棕红。

②质感：软滑爽口。

③气味及口味：咸鲜，略带回甜。

（2）器具准备

①盛装器皿：30 cm圆形凹盘。

②炉灶：燃油或燃气炒菜灶。

③炊具：炒勺、双耳炒锅。

（3）原料

①主料：条形茄子500 g。

②辅料：肉末30 g。

③调料：盐2 g，味精2 g，白糖10 g，姜5 g，葱20 g，蒜20 g，甜面酱30 g，鲜汤500 g，料酒15 g，酱油10 g，香油5 g，色拉油100 g。

（4）操作步骤

①刀工处理：将茄子去皮、洗净、改刀切成长约3 cm的滚刀块。葱切成马耳朵形，姜、蒜切米。

②加热处理：炙锅后炒锅置于炉火上，加入油烧至四成热时，下肉末煵炒出香后，下甜面酱和姜、蒜米，然后加入茄子煸炒。至茄子色呈微黄时，加入酱油、白糖、清汤，加盖用小火焖制，待汤汁将收干时加入马耳朵形葱，稍焖后加入味精，淋上芝麻油，出锅装盘成菜。

（5）操作要领

①甜面酱炒制的火候不宜过大，以免炒黑发苦。

②此菜汤汁要收干，但不能过火，否则菜品变焦会影响菜品的质量。

（6）食用建议

①最佳食用温度：60～75 ℃。

②最佳食用时间：从菜品出锅至食用，以不超过10分钟为宜。

（7）适用范围

佐饭、筵席均可。

菜例 3.9.3 黄焖鸡

（1）成菜标准要求

①感官要求：鸡肉切块大小一致。

②质感：熟软适度。

图3.17 黄焖鸡

③气味及口味：味厚而风味独特。

（2）器具准备

①盛装器皿：30 cm圆形凹盘。

②炉灶：燃油或燃气炒菜灶。

③炊具：炒勺、双耳炒锅。

（3）原料

①主料：净嫩鸡1只，约600 g。

②辅料：玉兰片50 g，冬菇25 g。

③调料：盐2 g，味精2 g，白糖10 g，姜20 g，葱20 g，蒜20 g，鲜汤500 g，料酒15 g，甜面酱20 g，酱油10 g，葱油5 g，色拉油100 g。

（4）操作步骤

①刀工处理：将鸡洗净，剁成3 cm^3的方块。姜、葱洗净后用刀拍松，冬笋、冬菇切厚片再用沸水焯起待用。

②加热处理：锅留油，烧至六成油温后，将用酱油腌制过的鸡块炸至金黄色捞出待用。锅内留油，下入姜、葱爆香，加清汤、鸡块、料酒、白糖、八角、精盐，用急火烧开。打去浮沫，盖上锅盖，用微火焖至鸡块熟烂。拣去姜、葱，加玉兰片、冬菇，味精、葱油搅匀，盛入盘内即成。

（5）操作要领

①甜面酱炒制的火候不宜过大，以免炒黑发苦。

②此菜汤汁要收干，但不能过火，否则菜品变焦会影响菜品的质量。

（6）食用建议

①最佳食用温度：60～75 ℃。

②最佳食用时间：从菜品出锅至食用，以不超过10分钟为宜。

（7）适用范围

佐饭、筵席均可。

【想一想】

①焖的定义是什么？

②制作焖菜时火候应如何掌握？

③黄焖鸡的调料用到了哪些？

目标教学3.10 扒制技艺

1）扒的定义

扒是指将初步处理好的原料，改刀成形，好的一面朝下，摆放整齐或摆成图案，加适量的汤汁和调味品，小火加热成熟，转勺勾芡，大翻勺将好的一面炒上，淋上明油、拖入盘内的烹调方法。

2）扒的工艺流程

初加工→改刀成形→调味→扒制→成菜。

3）适用范围

猪蹄、猪头等植物或动物性原料。

4）油温火候

小火，中、低油温。

5）分类

扒主要分为红扒、白扒等。

菜例 3.10.1 冰糖扒猪脸

（1）成菜标准要求

①感官要求：色泽棕红。

②质感：皮肉酥烂。

③气味及口味：咸甜味浓。

（2）器具准备

①盛装器皿：30 cm圆形凹盘。

②炉灶：炒菜灶、平头炉。

③炊具：炒勺、双耳炒锅、砂锅煲。

（3）原料

①主料：猪脸1 kg。

②辅料：时令蔬菜500 g。

③调料：盐5 g，味精3 g，冰糖250 g，姜20 g，葱30 g，鲜汤500 g，料酒50 g，酱油75 g，色拉油100 g。

（4）操作步骤

①刀工处理：猪脸洗净并用镊子夹去多余的猪毛，放入开水锅里煮一下，捞出，洗净污水，在肉面剞十字花纹的方块。时蔬择洗干净待用。

②加热处理：砂锅内垫入竹箅子，猪脸表皮朝下，加入姜、葱、料酒、酱油、冰糖、鲜汤，上火烧开，打去浮沫，用小火焖约1小时。调入味精，将猪脸表皮朝上扣在盘中。锅内汁用火收浓，浇盖在猪脸上。将时蔬放少许油，稍微炒一下，围在盘子周围即成。

（5）操作要领

①猪脸要清洗干净，尤其是猪毛要去净，否则会影响成菜效果。

②猪脸扒制时，要在砂锅底部垫一竹箅子，防止烧煳。

（6）食用建议

①最佳食用温度：60～75 ℃。

②最佳食用时间：从菜品出锅至食用，以不超过10分钟为宜。

（7）适用范围

佐饭、筵席均可。

菜例 3.10.2　蚝油香菇扒菜心

图3.18　蚝油香菇扒菜心

（1）成菜标准要求

①感官要求：菜心翠绿软嫩，香菇棕褐雅致。

②质感：软嫩。

③气味及口味：咸鲜清淡。

（2）器具准备

①盛装器皿：30 cm圆形凹盘。

②炉灶：炒菜灶、平头炉。

③炊具：炒勺、双耳炒锅。

（3）原料

①主料：油菜心200 g。

②辅料：水发香菇100 g。

③调料：盐5 g，白糖3 g，味精2 g，胡椒粉少许，蚝油20 g，鲜酱油10 g，水淀粉，葱油，鸡油。

（4）操作步骤

①将油菜心洗净，根部用刀浅剞十字花刀，摆好从叶段切齐。香菇取蒂整理整齐后待用。锅中水烧开，用盐、味精和少许糖调味，淋入适量葱油。下入菜心焯熟捞出，整齐摆入盘内备用。

②炒锅洗净，置于炉火上，下油，煸炒姜、葱出香，加入清汤、料酒、盐、香菇、青菜调小火煨至入味后捞出姜、葱。随后勾入水淀粉勾芡，使用大翻勺，淋上鸡油倒入盘中即成。

（5）操作要领

①油菜心煨制时间不宜过长，避免营养流失。

②掌握好大翻勺的技巧。

（6）食用建议

①最佳食用温度：60～75 ℃。

②最佳食用时间：从菜品出锅至食用，以不超过10分钟为宜。

（7）适用范围

佐饭、筵席均可。

【想一想】

①什么叫扒的烹制法？

②如何控制扒的火候？

目标教学3.11　烩制技艺

1）烩的定义

烩是指先将原料刀工加工后，再进行熟处理，加姜、葱油，掺入鲜汤烩制成菜的一种烹制方法。

2）烩的工艺流程

刀工处理→熟处理→烩制成菜。

3）适用范围

脆性、质地细嫩的动物性、植物性菜肴原料。

4）油温火候

小火，中、低油温。

5）分类

烩主要分为荤烩、素烩、红烩、白烩等。

菜例 3.11.1　牡丹鸡片

（1）成菜标准要求

①感官要求：色洁白，形如白牡丹。

②质感：肉嫩。

③气味及口味：本味咸鲜醇厚。

（2）器具准备

①盛装器皿：25 cm汤钵。

②炉灶：燃油或燃气炒菜灶。

③炊具：炒勺、双耳炒锅。

（3）原料

①主料：鸡脯肉350 g。

②辅料：火腿75 g，小白菜心50 g，鸡蛋2个，冬笋25 g，香菇25 g，葱节25 g。

③调料：干淀粉100 g，面粉50 g，鸡汤400 g，猪油75 g，盐5 g，胡椒面5 g，味精3 g，料酒8 g，姜片5 g。

（4）操作步骤

①刀工处理：火腿改切成长4 cm、宽3 cm的片，冬笋、鸡脯肉分别用平刀片成长4 cm、宽3 cm的片，干淀粉用擀面杖擀细用箩筛筛过，把片好的鸡片放在铺了干淀粉的墩子上逐片用刀背轻轻细捶，使鸡片向四周伸展至薄。

②准备工作：小白菜心洗净，鸡蛋清先在碗里用竹筷搅成蛋泡，再将用箩筛筛过的面粉放入调匀成略带黏性的蛋泡糊。

③加热处理：炙锅后，放入猪油烧至四成热时，用筷子将鸡片夹在调好的蛋泡糊，醮满一层入锅浸炸，炸泡捞起，边炸边捞，炸完为止。然后倒去炸油，另放入油烧至五成热，放入姜片、葱节，炒香掺入鸡汤烧沸，打去葱节。放入火腿、冬笋、菜心、盐、味精、料酒、胡椒面，沸后勾入水淀粉，待汁稠后，将炸好的鸡片入锅推转即成。

（5）操作要领

①蛋清必须搅泡才放面粉，面粉放后要调均匀，不能起索，面粉选用特粉。

②捶鸡片时应掌握好力度，千万不能捶穿鸡片。

③用温余炸鸡片时，应控制好油温，油温过高，会使鸡片色变黄，影响成菜效果。

④芡汁应稍轻一点，因鸡片上的蛋泡要吸收一定水分。

（6）食用建议

①最佳食用温度：60～75℃。

②最佳食用时间：从菜品出锅至食用，以不超过10分钟为宜。

（7）适用范围

筵席工艺菜。

菜例 3.11.2 酸辣娃娃菜

（1）成菜标准要求

①感官要求：岔色美观， 汤汁适量。

②质感：软嫩适口。

③气味及口味：酸辣咸鲜。

（2）器具准备

①盛装器皿：30 cm凹盘。

②炉灶：燃油或燃气炒菜灶。

③炊具：炒勺、双耳炒锅。

（3）原料

①主料：芋儿250 g，娃娃菜250 g。

②辅料：青、红椒各15 g。

③调料：野山椒25 g，盐5 g，味精5 g，老姜20 g，胡椒粉3 g，水淀粉50 g，色拉油75 g。

（4）操作步骤

①刀工处理：将芋儿去皮洗净， 上笼蒸至熟透取出待用。将娃娃菜去筋，切成10 cm长的一字条，野山椒剁细，青红椒切成细颗，老姜切成姜米。

②加热处理：锅中加水烧沸以后，加娃娃菜氽制断生捞出，放入玻璃盘中间。把蒸熟的芋儿摆于娃娃菜两边。锅中下油少许，下野山椒末、青红椒颗、姜米，用小火炒香后，加鲜汤、胡椒、盐、味精，勾入水淀粉。待汁浓稠时放入色拉油起锅，将汁淋于芋儿娃娃菜上即可。

（5）操作要领

①芋儿一定要熟透。

②掌握好汁的用量。

（6）食用建议

①最佳食用温度：60～75 ℃。

②最佳食用时间：从菜品出锅至食用，以不超过10分钟为宜。

（7）适用范围

佐饭、筵席均可。

（8）拓展菜品

酸辣时蔬。

菜例 3.11.3　锅巴肉片

图3.19　锅巴肉片

（1）成菜标准要求

①感官要求：芡色美观，汤汁适量。

②质感：肉质细嫩，锅巴酥脆。

③气味及口味：咸鲜带甜酸。

（2）器具准备

①盛装器皿：30 cm凹盘 。

②炉灶：燃油或燃气炒菜灶。

③炊具：炒勺、双耳炒锅。

（3）原料

①主料：锅巴150 g。

②辅料：里脊肉100 g，黄花50 g，西红柿50 g，木耳50 g，冬笋50 g，时蔬100 g，大葱25 g。

③调料：姜25 g，蒜25 g，料酒10 g，白糖3 g，味精3 g，醋3 g，盐5 g，淀粉10g。

（4）操作步骤

①刀工处理：将里脊肉切成厚薄均匀的肉片并码芡。西红柿切成片，冬笋、木耳切成长方形的片，大葱切马耳形，黄花涨发后整理干净，时蔬洗净并整理好。锅巴分成5 cm见方的块。

②把锅洗净，下油烧至五成油温，下肉片炒至散籽时，滗去多余的油，下姜、蒜米，冬笋，黄花略炒一下。加鲜汤、糖色、盐、白糖、醋、西红柿、时蔬、马耳朵形葱、味精，勾入水淀粉，起锅装盘入汤碗中。锅中加油烧至六成油温，下锅巴炸至酥香，起锅装入盘中，淋少许涨油，趁热起锅，把汁浇在锅巴上即可。

（5）操作要领

①汤汁的用量与锅巴的量相吻合。

②荔枝味各调料的用量。

（6）食用建议

①最佳食用温度：60 ~ 75 ℃。

②最佳食用时间：从菜品出锅至食用，以不超过10分钟为宜。

（7）适用范围

佐饭、筵席均可。

（8）拓展菜品

锅巴鸡片、锅巴鱼片。

菜例 3.11.4　三鲜烩豆腐

（1）成菜标准要求

①感官要求：芡色美观，汤汁适量。

②质感：脆、嫩、软，多种质感混合。

③气味及口味：咸鲜味美。

（2）器具准备

①盛装器皿：30 cm凹盘。

②炉灶：燃油或燃气炒菜灶。

③炊具：炒勺、双耳炒锅。

（3）原料

①主料：豆腐300 g。

②辅料：菜心50 g，香菇50 g，冬笋50 g，火腿肠50 g。

③调料：盐2 g，味精3 g，胡椒粉3 g，姜片20 g，大葱30 g，水淀粉100 g，色拉油100 g。

（4）操作步骤

①刀工处理：豆腐切成厚0.3 cm、长6 cm的块，菜心洗净整理。香菇斜刀切大片，冬笋切块，火腿肠切厚0.2 cm、长6 cm的片待用。

②初步熟处理：将冬笋和香菇入沸水中焯熟待用。

③烩制：锅中下猪油烧至五成热时，下姜片、葱节煵炒出香后，下鲜汤熬出味后捞起。锅中下主料、辅料、调料一起小火烩制成熟后，勾入水淀粉。待汁稠呈米汤状时，起锅装盘成菜。

（5）操作要领

①豆腐的形状要保持完整而不烂。

②勾芡的浓度要合适

（6）食用建议

①最佳食用温度：60 ~ 75 ℃。

②最佳食用时间：从菜品出锅至食用，以不超过25分钟为宜。

（7）适用范围

佐饭、筵席均可。

菜例 3.11.5　三色烩肉丸

（1）成菜标准要求

①感官要求：岔色美观，汤汁适量。

②质感：肉质细嫩爽口。

③气味及口味：咸鲜味美。

（2）器具准备

①盛装器皿：30 cm凹盘。

②炉灶：燃油或燃气炒菜灶。

③炊具：炒勺、双耳炒锅。

（3）原料

①主料：猪肉馅（肥瘦之比为6：4）200 g。

②辅料：胡萝卜50 g，青笋100 g，芋儿50 g。

③调料：荸荠40 g，姜片30 g，姜米10 g，葱节20 g，料酒10 g，白糖1 g，味精2 g，盐2 g，水淀粉100 g，鸡蛋1个，猪油50 g，鸡油5 g，菜籽油1 kg（实际耗100 g）。

（4）操作步骤

①调馅及刀工：将肉馅整理好后，加盐、鸡蛋、姜米、水淀粉、剁细的荸荠粒及适量

水搅和均匀。胡萝卜、青笋、芋儿去皮洗净后，切小滚刀块待用。

②初步熟处理：锅中下菜油烧至六成热时，将肉茸挤成丸子入锅，炸至熟透过心，色泽金黄时捞出。再将三色辅料下入油锅中炸至熟软，捞起待用。

③烩制：锅中下猪油烧至五成热时，下姜片、葱节煵炒出香后，下鲜汤熬出味后捞起。锅中下主料、辅料、调料一起小火烩制成熟后，勾入水淀粉。待汁稠呈米汤状时，勾入鸡油起锅即成。

（5）操作要领

①挤的丸子要大小均匀。

②炸时油温应保持一致，丸子入油锅后应翻动，使丸子形圆且色泽均匀。

（6）食用建议

①最佳食用温度：60 ~ 75 ℃。

②最佳食用时间：从菜品出锅至食用，以不超过25分钟为宜。

（7）适用范围

佐饭、筵席均可。

（8）拓展菜品

辅料还可以选用茭白。

【想一想】

①烩的定义与分类是什么？

②牡丹鸡片的操作重点有哪些？

③蛋清糊在调制过程中要注意什么？

目标教学3.12 煸制技艺

1）煸的定义

煸是由炒派生出来的，是将经过加工的原料用小火煸炒干水分，使菜品质地酥软、化渣的一种烹调方法。

2）煸的工艺流程

原料加工处理→过油→煸炒入味→成菜→装盘。

3）适用范围

含水量少的动、植物原料，如猪肉、牛肉、四季豆、土豆等。

4）油温火候

小火，中、低油温。

菜例 3.12.1 干煸土豆丝

图3.20 干煸土豆丝

（1）成菜标准要求

①感官要求：红黄相映。

②质感：酥香化渣。

③气味及口味：辣香微麻。

（2）器具准备

①盛装器皿：30 cm条盘。

②炉灶：燃油、燃气炒菜灶。

③炊具：炒勺、双耳炒锅。

（3）原料

①主料：土豆丝350 g

②辅料：芽菜50 g，猪瘦肉100 g。

③调料：干辣椒25 g，料酒10 g，味精5 g，油75 g，花椒5 g，花椒面2 g，辣椒面5 g，麻油4 g，盐5 g，小葱10 g，姜15 g，蒜15 g。

（4）操作步骤

①刀工处理：土豆洗净、去皮，切成头粗丝。猪肉剁成末，红干辣椒切成丝，小葱切成葱段，芽菜切成末。

②炸制：将炒锅置旺火上，下油烧至六成热，下土豆丝。抢炸至呈金黄色，捞出滤去油。

③煸制：炒锅留少许油，下干红椒丝，炸至棕红色捞出待用。再下肉末用小火炒酥香后，下芽菜、花椒、土豆丝、盐、味精、辣椒面，快速煸炒后，勾料酒、麻油，撒上葱段、干辣椒丝，炒制均匀，装盘即可。

（5）操作要领

注意炸制的火候。火候决定菜品的质量。

（6）食用建议

①最佳食用温度：60～75 ℃。

②最佳食用时间：从菜品出锅至食用，以不超过10分钟为宜。

（7）适用范围

佐饭、筵席均可。

（8）拓展菜品

干煸萝卜丝。

菜例 3.12.2 干煸肉丝

图3.21 干煸肉丝

（1）成菜标准要求

①感官要求：色泽红亮。

②质感：干香滋润。

③气味及口味：麻辣鲜香。

（2）器具准备

①盛装器皿：30 cm条盘。

②炉灶：燃油或燃气炒菜灶。

③炊具：炒勺、双耳炒锅。

（3）原料

①主料：里脊肉400 g。

②辅料：黄豆芽100 g，芹菜梗50 g。

③调料：郫县豆瓣20 g，干辣椒10 g，料酒10 g，味精3 g，花椒面5 g，辣椒面5 g，麻油4 g，盐2 g，姜10 g，蒜10 g，色拉油1 kg（实耗50 g）。

（4）操作步骤

①刀工处理：猪肉洗净切头粗丝，加料酒、盐码味待用。黄豆芽去头尾，芹菜梗切丝。郫县豆瓣剁细。干辣椒剖开去子切丝。姜、蒜切丝。

②炸制：将炒锅置旺火上，下油烧至六成热，下肉丝，过油待用。

③煸制：炒锅留少许油，开小火，下过油的肉煸炒出香。下豆瓣、干辣椒丝、姜蒜丝、辅料稍炒一下，下肉丝放料酒煸炒成熟后下辣椒面，调入盐、味精、麻油、花椒面颠

簸均匀，起锅装盘即成。

（5）操作要领

①各种原料的成型务必要均匀，粗细合适。

②煸炒时一定要注意火候。

（6）食用建议

①最佳食用温度：不限。

②最佳食用时间：不限。

（7）适用范围

佐饭、筵席均可。

（8）拓展菜品

干煸鳝丝、干豇豆煸鸭丝、干煸鱿鱼丝、干煸牛肉丝。

图3.22 干煸四季豆

（1）成菜标准要求

①感官要求：色泽翠绿。

②质感：软嫩爽口。

③气味及口味：咸鲜清香。

（2）器具准备

①盛装器皿：30 cm条盘。

②炉灶：燃油或燃气炒菜灶。

③炊具：炒勺、双耳炒锅。

（3）原料

①主料：四季豆400 g。

②辅料：榨菜10 g，肉末50 g。

③调料：味精3 g，盐2 g，姜10 g，蒜10 g，料酒10 g，色拉油1 kg（实耗50 g）。

（4）操作步骤

①刀工处理：将四季豆择去端尖并撕去筋络。榨菜切成细末。

②炸制：将炒锅置旺火上，下油烧至六成热，下四季豆，炸至色变深绿、皱皮时捞出。

③煸制：炒锅留少许油，开小火，下辅料、姜蒜米炒香，下四季豆、料酒一同煸炒出香，加盐、味精调味，煸出香味起锅，装盘成菜。

（5）操作要领

①四季豆入油锅时，温度不能过高。炸制的时间也要掌握好。

②四季豆一定要煸炒成熟，否则易中毒。

（6）食用建议

①最佳食用温度：不限。

②最佳食用时间：不限。

（7）适用范围

佐饭、筵席均可。

（8）拓展菜品

干煸苦瓜、黄豆芽。

菜例 3.12.4 干煸茭白

（1）成菜标准要求

①感官要求：色泽棕黄。

②质感：干香软脆。

③气味及口味：咸鲜香味浓。

（2）器具准备

①盛装器皿：30 cm条盘。

②炉灶：燃油或燃气炒菜灶。

③炊具：炒勺、双耳炒锅。

（3）原料

①主料：茭白500 g。

②辅料：榨菜10 g，肉末50 g。

③调料：干辣椒10 g，花椒5 g，料酒10 g，味精3 g，白糖1 g，盐2 g，姜10 g，蒜10 g，芝麻油5 g，色拉油1 kg（实耗50 g）。

（4）操作步骤

①刀工处理：茭白洗净，切成长6 cm、粗0.8 cm的条。干辣椒切节。榨菜切成细末。

②炸制：将炒锅置旺火上，下油烧至六成热，下茭白条，炸至色变浅黄、皱皮时捞出。

③煸制：炒锅留少许油，开小火，下辅料、干辣椒、花椒、姜蒜米炒香，下茭白、料酒一同煸炒出香，加盐、味精调味，煸出香味起锅，装盘成菜。

（5）操作要领

①茭白应选择质地鲜嫩的。

②茭白不宜浸泡，否则鲜香味容易散失。

③茭白炸制时要注意掌握好火候。

（6）食用建议

①最佳食用温度：不限。

②最佳食用时间：不限。

（7）适用范围

佐饭、筵席均可。

（8）拓展菜品

干煸豇豆、干煸冬笋。

菜例 3.12.5　干煸香芋

（1）成菜标准要求

①感官要求：色泽红亮。

②质感：干香酥软。

③气味及口味：咸鲜带甜，麻辣味浓。

（2）器具准备

①盛装器皿：30 cm条盘。

②炉灶：燃油或燃气炒菜灶。

③炊具：炒勺、双耳炒锅。

（3）原料

①主料：香芋1个，约500 g。

②辅料：榨菜10 g，肉末50 g。

③调料：干辣椒10 g，花椒5 g，辣椒油20 g，花椒油10 g，料酒10 g，味精3 g，白糖1 g，盐2 g，姜10 g，蒜10 g，芝麻油5 g，色拉油1k g（实耗70 g）。

（4）操作步骤

①刀工处理：香芋削皮、洗涤干净，切成长6 cm、粗0.8 cm的条。干辣椒切节。榨菜切成细末 。

②炸制：将炒锅置旺火上，下油烧至六成热，下香芋条，炸至色黄、皱皮时捞出。

③煸制：炒锅留少许油，开小火，下辅料、干辣椒、花椒、姜蒜米炒香下，香芋条、料酒一同煸炒出香，加盐、味精调味，煸出香味起锅，装盘成菜。

（5）操作要领

①香芋削皮后要防止变色，放入清水中浸泡。

②香芋炸制时要注意掌握好火候。

（6）食用建议

①最佳食用温度：不限。

②最佳食用时间：不限。

（7）适用范围

佐饭、筵席均可。

（8）拓展菜品

干煸萝卜丝。

【想一想】

①煸这种烹制法有哪些分类？

②煸类菜肴的制作难点在哪里？

目标教学3.13　煮制技艺

1）煮的定义

煮是指将原料或其他半成品原料一起，放在多量的汤汁或清水中，先用旺火煮沸，再用中、小火煮熟并调味成菜的烹调方法。

2）煮的工艺流程

选料→原料初加工→腌制→煮制。

3）适用范围

鱼肉、猪肉、豆制品、蔬菜等原料。

4）油温火候

旺火，中、小火。

菜例 3.13.1　水煮肉片

图3.23　水煮肉片

（1）成菜标准要求

①感官要求：色泽红亮，肉片厚薄均匀。

②质感：质地滑嫩。

③气味及口味：味重麻辣，鲜嫩可口，富有火锅风味。

（2）器具准备

①盛装器皿：30 cm汤钵。

②炉灶：燃油或燃气炒菜灶。

③炊具：炒勺、双耳炒锅。

（3）原料

①主料：里脊肉300 g。

②辅料：青笋尖250 g，蒜苗50 g。

③调料：干辣椒30 g，花椒15 g，辣椒面15 g，花椒面5 g，永川豆豉8 g，姜、蒜各10 g，白糖5 g，醋5 g，料酒8 g，味精3 g，水淀粉25 g，盐2 g，鲜汤750 g，郫县豆瓣50 g，油150 g。

（4）操作步骤

①刀工处理：里脊肉洗净，切成肉片。青笋尖洗净，切成四牙。大葱切节，姜、蒜切成姜、蒜米。豆瓣、豆豉剁细待用。干辣椒、花椒入锅，放入少量的油炒香起锅，晾凉后放在墩子上，用刀剁细，制成刀口辣椒待用。

②炒制：炙好后，下青笋尖、葱段、盐、味精，炒断生后起锅装入锅盘中盘底。

③加热处理：炙锅后锅中留油，下郫县豆瓣，豆豉，姜、蒜米，辣椒面，用小火炒香、炒出色后烹入料酒。加鲜汤烧沸，下白糖、味精、醋，把味试好，用小火保持微沸。把码好味的肉片逐一下锅，用竹筷轻轻拨散。待肉片定型发白时，用中火勾入水淀粉，浓稠后起锅装入盘中，淋于青笋尖上，撒上刀口辣椒、蒜米。

④锅洗净后，下油烧至六成油温，把热油淋于肉片上，撒上花椒面即可。

（5）操作要领

①水一定要吃足、吃够，否则不嫩。

②煮肉片时控制好火候，先用小火，再用中火，否则脱芡。

③汁的量与肉片的量相吻合，符合成菜要求。

（6）食用建议

①最佳食用温度：60 ~ 75 ℃。

②最佳食用时间：从菜品出锅至食用，以不超过25分钟为宜。

（7）适用范围

佐饭、普通筵席均可。

（8）拓展菜品

水煮牛肉、水煮鱼、毛血旺。

菜例 3.13.2　水煮鳝段

（1）成菜标准要求

①感官要求：色泽红亮。

②质感：质地细嫩。

③口味：味浓厚，味重麻辣。

（2）器具准备

①盛装器皿：30 cm汤钵或者不锈钢盆。

②炉灶：燃油或燃气炒菜灶。

③炊具：炒勺、双耳炒锅。

（3）原料

①主料：鳝段400 g。

②辅料：黄豆芽200 g。

③调料：干辣椒50 g，干花椒10 g，郫县豆瓣10 g，辣椒面2 g，刀口辣椒，永川豆豉10 g，姜、蒜适量，小葱花10 g，白糖5 g，醋6 g，料酒10 g，盐3 g，味精5 g，鲜汤750 g，菜油150 g。

（4）操作步骤

①刀工处理：鳝段洗净，焯水去掉腥味。黄豆芽去须洗净。干辣椒、花椒取一半用油炒香后倒出，用刀铡切成细末。干辣椒用刀切节、去子。豆瓣剁细，姜、蒜拍破，宰成大块状。

②预制：黄豆芽用水煮熟后放置于汤钵中垫底。

③加热处理：炙锅后锅中留油，下郫县豆瓣，豆豉，姜、蒜米，辣椒面，刀口辣椒用小火炒香，炒出色后烹入料酒。加鲜汤烧沸，下白糖、味精、醋，把味试好，下鳝段煮熟起锅，倒入钵中。

④锅洗净后，下油烧至六成油温，把涨油倒入装有干辣椒节、花椒的炒勺中，再淋于碗内，撒上葱花即可。

（5）操作要领

①炒料时要用小火煵炒。

②用油炝辣椒、花椒的火候要掌握好，不能太高。

（6）食用建议

①最佳食用温度：60~75 ℃。

②最佳食用时间：从菜品出锅至食用，以不超过25分钟为宜。

（7）适用范围

佐饭、普通筵席均可

（8）拓展菜品

水煮耗儿鱼、水煮青蛙。

菜例 3.13.3　滑肉片

（1）成菜标准要求

①感官要求：厚薄均匀。

②质感：质地滑嫩。

③气味及口味：酸辣爽口。

（2）器具准备

①盛装器皿：30 cm汤钵。

②炉灶：燃油或燃气炒菜灶。

③炊具：炒勺、双耳炒锅。

（3）原料

①主料：里脊肉250 g。

②辅料：泡青菜100 g。

③调料：泡野山椒50 g，姜10 g，蒜10 g，葱10 g，盐2 g，味精1 g，白醋2 g，料酒5 g，红苕粉20 g。

（4）操作步骤

①刀工处理：将里脊肉洗净切片，加水、盐、料酒码味，用苕粉码芡待用。泡青菜洗净后切成片，泡野山椒切节待用。姜切片，葱切段，大蒜拍破，切成末。

②加热处理：锅内下油，下泡青菜、野山椒、姜、蒜、葱，用小火炒香后掺入水烧开调味。保持小火微沸，下入肉片煮至断生，倒入汤钵中即可。

（5）操作要领

①肉片码芡的苕粉用量一定要足。

②炒泡青菜、野山椒、姜、蒜、葱时，一定要用小火煵炒出香味。

（6）食用建议

①最佳食用温度：60 ~ 75 ℃。

②最佳食用时间：从菜品出锅至食用，以不超过20分钟为宜。

（7）适用范围

佐饭、筵席均可。

（8）拓展菜品

永川氽汤肉、刨猪汤。

菜例 3.13.4　酸菜鱼

图3.24　酸菜鱼

（1）成菜标准要求

①感官要求：鱼片厚薄均匀。

②质感：质地嫩滑。

③气味及口味：酸辣爽口。

（2）器具准备

①盛装器皿：30 cm汤钵。

②炉灶：燃油或燃气炒菜灶。

③炊具：炒勺、双耳炒锅。

（3）原料

①主料：净鱼肉400 g，

②辅料：酸菜100 g，黄豆芽150 g。

③调料：泡野山椒50 g，泡姜10 g，干辣椒10g，青花椒5 g，蒜10 g，大葱10 g，小葱5 g，盐2 g，味精1 g，白醋2 g，料酒5 g，红苕粉20 g，鲜猪油200 g。

（4）操作步骤

①刀工处理：将鱼肉片成鱼片，加水、盐、姜、大葱、料酒码味，用苕粉码芡待用。酸菜洗净后片成片，泡野山椒切节，泡青椒切节，泡姜切片。姜切片，大葱切段，大蒜拍破，切成末，小葱切葱花。

②加热处理：锅内下油，下泡菜、野山椒、姜、蒜、葱用小火炒香后，下水煮3分钟左右调味。保持小火微沸，下入鱼片煮至断生，倒入汤钵中。

③炸油：锅洗净后，下油烧至六成油温，把涨油倒入装有干辣椒节、青花椒的炒勺中，再淋于碗内，撒上葱花即可。

（5）操作要领

①鱼片要用水、料酒、姜、葱、盐码味。

②炒泡青菜、野山椒、姜、蒜时一定要用小火煵炒出香味。

（6）食用建议

①最佳食用温度：60～75 ℃。

②最佳食用时间：从菜品出锅至食用，以不超过20分钟为宜。

（7）适用范围

佐饭、筵席均可。

（8）拓展菜品

酸菜牛肉。

菜例 3.13.5　酸辣豆腐汤

（1）成菜标准要求

①感官要求：配料得体。

②质感：质地爽滑。

③气味及口味：酸辣爽口。

（2）器具准备

①盛装器皿：30 cm汤钵。

②炉灶：燃油或燃气炒菜灶。

③炊具：炒勺、双耳炒锅。

（3）原料

①主料：豆腐150 g。

②辅料：冬笋30 g，蛋皮30 g，水发香菇30 g。

③调料：盐2 g，味精1 g，醋40 g，白胡椒粉20 g，鲜汤500 g，水淀粉50 g。

（4）操作步骤

①刀工处理：将豆腐、蛋皮切细丝；冬笋、香菇改刀成细丝，焯水待用。

②加热处理：锅洗净，然后加入鲜汤，下冬笋、香菇略煮一下，下盐、味精、白胡椒粉调味。下豆腐和蛋皮煮约1分钟。勾芡至羹状，倒入装有醋的碗中即成。

（5）操作要领

①醋和胡椒粉的用量（比例）一定要合理。

②丝状原料一定要切制均匀。

③主、辅料煮制时间不要太长。

（6）食用建议

①最佳食用温度：60～75 ℃。

②最佳食用时间：从菜品出锅至食用，以不超过20分钟为宜。

（7）适用范围

佐饭、筵席均可。

（8）拓展菜品

酸辣虾羹、酸辣海参。

【想一想】

①水煮肉片用到的调料有哪些？

②试答出酸菜鱼的制作过程。

目标教学3.14 炖制技艺

1）炖的定义

炖是指将经过加工处理的大块或整形的主料，一般是荤菜原料，根据成菜的要求加入特定的辅料，放入炖锅或其他陶瓷器皿中，掺足水或热汤，用小火加热，使其成熟的一种烹调方法。

2）炖的工艺流程

刀工处理→焯水→撇去浮沫→小火炖制。

3）适用范围

排骨、牛尾、鸡、鸭、牛肉等菜肴原料。

4）油温火候

小火。

菜例 3.14.1 沙参炖全鸡

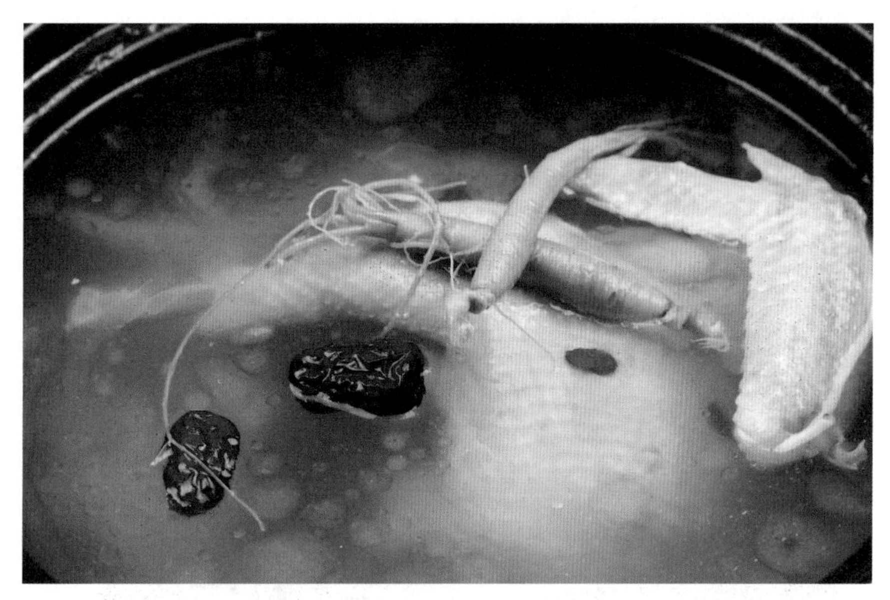

图3.25 沙参炖全鸡

（1）成菜标准要求

①感官要求：形态完整。

②质感：鸡肉熟软离骨而不烂。

③气味及口味：汤鲜醇厚，风味独特。

（2）器具准备

①盛装器皿：直径30 cm汤钵。

②炉灶：小火灶和铝锅。

（3）原料

①主料：土鸡1只。

②辅料：沙参50 g。

③调料：盐2 g，味精1 g，料酒15 g，姜20 g，葱50 g。

（4）操作步骤

①刀工处理：将鸡洗净后斩下翅尖。放于沸水锅中出水，捞起洗净。沙参洗净，改刀成5 cm的节。葱挽成结状，姜拍破。

②加热处理：取锅1口，下鸡、姜、葱，掺水淹没原料，烧开后打去浮沫，下料酒，改用小火慢炖。待鸡六成熟时，将洗净的沙参下入锅中，继续开小火炖制成熟即可。

（5）操作要领

①炖汤的水要一次性加足。

②炖制前要先出水。

（6）食用建议

①最佳食用温度：60 ~ 75 ℃，不能等其冷却。

②最佳食用时间：从出锅到上桌，15分钟左右。

（7）适用范围

佐饭、筵席均可。

（8）拓展菜肴

沙参炖全鸭。

菜例 3.14.2　番茄牛尾汤

图3.26　番茄牛尾汤

（1）成菜标准要求

①感官要求：炝汤清澈。

②质感：牛尾熟软离骨。

③气味及口味：汤鲜醇厚，风味独特。

（2）器具准备

①盛装器皿：直径30 cm汤钵。

②炉灶：小火灶和铝锅。

（3）原料

①主料：牛尾1 250 g。

②辅料：番茄500 g。

③调料：盐2 g，味精1 g，番茄酱50 g，料酒100 g，姜50 g，葱50 g，花椒2 g。

（4）操作步骤

①刀工处理：将牛尾削去残余的皮，洗净，在每一处节缝处进刀至约2/3深处。不断用水冲洗，漂尽血水。葱挽成结状，姜拍破。

②原汤熬制：在不锈钢炖锅掺3 kg清水，置旺火上，放入牛尾烧沸，打去浮血沫，下拍松老姜50 g，花椒2 g，料酒100 g烧沸后，移至微火上炖3～4小时到八成。捞起牛尾，沿骨缝改刀成节，用干净纱布过滤掉姜、花椒和沉淀物。

③炖制成菜：番茄去皮后与番茄酱一同入锅内炒香，加少许水。放入置有牛尾节及原汤的铝锅内，用小火继续炖至牛尾肉离骨时起锅，舀入加有味精、食盐的汤钵中摇匀即

可。上菜时配以豆瓣调料。

（5）操作要领

①牛尾一定要漂尽血水，否则炝汤浑浊。

②炖汤的水要一次性加足。

③炖制前牛尾可以要先出水。

（6）食用建议

①最佳食用温度：60～75℃，不能等其冷却。

②最佳食用时间：从出锅到上桌15分钟左右。

（7）适用范围

佐饭、筵席均可。

菜例 3.14.3 天麻炖鱼头

（1）成菜标准要求

①感官要求：鱼头整形，颜色搭配得体，汤汁乳白。

②质感：鱼头熟软。

③气味及口味：咸鲜味浓。

（2）器具准备

①盛装器皿：直径30 cm汤钵。

②炉灶：小火灶和铝锅。

（3）原料

①主料：花鲢鱼头1个。

②辅料：水发冬菇100 g，冬笋100 g，火腿50 g，天麻50 g。

③调料：盐2 g，味精1 g，胡椒粉1 g，奶汤700 g，料酒20 g，姜20 g，葱50 g，菜油1 kg（实耗100 g），猪油50 g。

（4）操作步骤

①熟处理：将鱼头洗净沥干水分，下入七成油温的油锅中炸至紧皮时捞出，用水冲去油脂。天麻一半磨成细粉，另一半切成片。将天麻片放入一小碗中，灌汤上笼蒸至成熟。

②刀工处理：水发冬菇、冬笋、火腿分别切片待用。

③加热处理：锅中下猪油烧至四成热时，下入姜片、葱段煵炒出香后，掺入奶汤，熬出味后打去姜、葱。放入鱼头和水发冬菇、冬笋、火腿、天麻片，调味后用小火慢炖至鱼头熟软后，放入天麻粉搅匀起锅即成。

（5）操作要领

①天麻的有效成分是“天麻挥发油”，油中的主要成分是一种极易挥发的“香草醇”物质。为了达到最佳的药理价值，所以会取一半出来磨粉。

②应该选用个头大且带肉的鱼头。

（6）食用建议

①最佳食用温度：60～75℃，不能等其冷却。

②最佳食用时间：从出锅到上桌15分钟左右。

（7）适用范围

佐饭、筵席均可。

菜例 3.14.4　杂粮排骨汤

（1）成菜标准要求

①感官要求：配料得体。

②质感：排骨熟软。

③气味及口味：咸鲜味浓。

（2）器具准备

①盛装器皿：直径30 cm汤钵。

②炉灶：小火灶和铝锅。

（3）原料

①主料：猪排骨500 g。

②辅料：海带结50 g，玉米棒1个，莲藕1根，白萝卜100 g，豌豆1把。

③调料：盐2 g，味精1 g，胡椒粉1 g，料酒20g，姜20 g，葱50 g。

（4）操作步骤

①熟处理：排骨洗净焯水，漂尽浮沫待用。

②刀工处理：海带结、干豌豆用热水涨发待用。玉米棒切成大小均匀的段，白萝卜、莲藕洗净切滚刀块。

③炖制：将排骨置于汤锅中加水，开大火烧开后投入辅料，加料酒、姜、葱，开小火慢炖至成熟，开盖调味即可。

（5）操作要领

①排骨焯水。

②如果辅料选择的是易成熟的原料，要注意下锅时间。

（6）食用建议

①最佳食用温度：60 ~ 75 ℃，不能等其冷却。

②最佳食用时间：从出锅到上桌，15分钟左右。

（7）适用范围

佐饭、筵席均可。

（8）拓展菜肴

干豇豆炖筒子骨。

菜例 3.14.5　三菌炖乳鸽

（1）成菜标准要求

①感官要求：整形不烂。

②质感：熟软入味。

③气味及口味：咸鲜味浓。

（2）器具准备

①盛装器皿：直径30 cm汤钵。

②炉灶：小火灶和铝锅。

（3）原料

①主料：乳鸽2只。

②辅料：水发松茸20 g，水发牛肝菌20 g，羊肚菌20 g。

③调料：盐2 g，味精1 g，胡椒粉1 g，料酒20 g，姜20，葱50 g。

（4）操作步骤

①熟处理：乳鸽洗净焯水，漂尽浮沫待用。

②刀工处理：3种菌洗净后，用刀片成薄片待用。

③炖制：将乳鸽和辅料置于汤锅中加水，开大火烧开后投入辅料，加料酒、姜、葱，开小火慢炖至成熟，开盖调味即可。

（5）操作要领

①乳鸽应焯水，以去掉血污。

②注意炖制乳鸽的时间。

（6）食用建议

①最佳食用温度：60～75 ℃，不能等其冷却。

②最佳食用时间：从出锅到上桌，20分钟左右。

（7）适用范围

佐饭、筵席均可。

（8）拓展菜肴

三菌炖土鸡、枸杞炖乌鸡爪。

【想一想】

①炖法的工艺流程是哪些？

②炖的工艺难点是哪些。

目标教学3.15　煨制技艺

1）煨的定义

煨是从烹制法烧中衍生出的一种烹制法。它是将经初步熟处理后的原料，加入汤汁用旺火烧开，撇去浮沫，放入调味品加盖用微火长时间加热成熟的烹调方法。

2）煨的工艺流程

刀工处理→初步熟处理→小火煨制。

3）适用范围

一些富含胶原蛋白的原料，如鱼翅、鱼唇、裙边、驼掌等。

4）油温火候

小火。

菜例 3.15.1　鱼头粉丝煲

图3.27　鱼头粉丝煲

（1）成菜标准要求

①感官要求：色泽自然。

②质感：质地软糯。

③气味及口味：汤鲜味浓。

（2）器具准备

①盛装器皿：直径30 cm砂锅煲。

②炉灶：小火灶和卡式炉。

（3）原料

①主料：花鲢鱼头1个，约500 g。

②辅料：龙口粉丝1把。

③调料：盐2 g，味精1 g，胡椒粉2 g，姜片15g，葱段20 g，料酒15 g，花椒8粒，枸杞6粒，鲜汤1 k g。

（4）操作步骤

①刀工处理：鱼头洗净后，对剖成两半。粉丝用刀宰断待用。老姜切片，大葱切段。

②加热处理：锅内烧油至七成热时，放入鱼头略炸一下捞出待用。锅内留少量油，下姜、葱、花椒炒香，加鲜汤、精盐、胡椒粉调味，放入鱼头在小火上煨至成熟。

③连同砂锅煲与卡式炉上桌，配上粉丝即成。

（5）操作要领

①用具最好采用卡式炉和煨煲锅。

②粉丝下锅的时间一定要掌握好，否则易煳锅。

（6）食用建议

①最佳食用温度：60 ~ 75 ℃，粉丝需要煮熟即食。

②最佳食用时间：不限。

（7）适用范围

佐饭、筵席均可。

（8）拓展菜肴

砂锅豆腐、羊肉煲、牛肉煲。

菜例 3.15.2 红煨蹄髈

（1）成菜标准要求

①感官要求：色泽棕红，形完整不烂。

②质感：质地软糯。

③气味及口味：咸鲜味浓、微甜。

（2）器具准备

①盛装器皿：直径30 cm圆盘。

②炉灶：小火灶和铝锅。

（3）原料

①主料：猪蹄髈1个，约重750 g。

②辅料：菜心15根。

③调料：盐2 g，味精1 g，胡椒粉2 g，姜片15 g，葱段20 g，料酒15 g，冰糖色50 g，水淀粉适量，高汤1.5 kg。

（4）操作步骤

①预制：蹄髈燎皮洗净，焯水待用。放入锅中加水、料酒、姜、葱煮至成熟捞出。趁热擦干表面的水分，抹上糖色。

②加热处理：锅内烧油至七成热时，放入蹄髈炸至上色。锅内留油，加姜、葱炒至出香味，掺入高汤烧开略煮3～5分钟后打去姜、葱。加盐、味精、白糖、糖色、胡椒粉、料酒调好味，加入蹄髈烧开，打去浮沫改用小火慢煨至熟软入味，色泽棕红时捞出放入盘中。

③装盘：锅中加水烧开，加盐、味精、胡椒粉，加入菜心煮熟，捞起围于蹄髈周围。另取蹄髈原汁，用大火加水淀粉推匀至浓稠发亮时，淋于蹄髈上即可。

（5）操作要领

①蹄髈煮熟时要趁热抹匀糖色。

②炸制时一定要掌握好炸制时间和油温。

③煨制时控制好火力大小。

④在煨制过程中要注意煳锅。

（6）食用建议

①最佳食用温度：60～75 ℃。

②最佳食用时间：上桌后20分钟左右食用最佳。

（7）适用范围

佐饭、零餐、筵席均可。

（8）拓展菜肴

红枣煨鹑脯、豆筋煨刺参。

菜例 3.15.3 豆筋煨鹑脯

（1）成菜标准要求

①感官要求：色泽棕红，形完整不烂，装盘美观。

②质感：质地熟软入味。

③气味及口味：咸鲜微辣，略带微甜。

（2）器具准备

①盛装器皿：直径30 cm圆盘。

②炉灶：小火灶和铝锅。

（3）原料

①主料：鹑脯10个。

②辅料：干豆筋100 g。

③调料：郫县豆瓣20 g，泡椒30 g，排骨酱10 g，盐2 g，味精2 g，醋1 g，胡椒粉2 g，姜15 g，葱叶20 g，蒜米、料酒15 g，高汤750 g，辣椒油30 g，色拉油1 kg（实耗100g）。

（4）操作步骤

①预制：鹑脯洗净，加姜、葱、料酒、盐码味1小时。将豆筋用温水涨发。

②刀工处理：将豆筋改刀成马耳形。泡椒剁细，姜、蒜均宰细。

③加热处理：锅中加油，烧至六成热时，下入鹑脯炸至紧皮捞出。留油适量，下姜、蒜、豆瓣、泡椒、排骨酱用小火煵炒出香、上色，加入鲜汤烧开，熬2～3分钟打渣，下盐、味精、白糖、料酒、醋调好味。下主、辅料，一起用小火煨至入味、上色捞出。

④装盘：将豆筋在盘中央摆成“丽花状”。鹑脯均匀摆放在“丽花”周围。锅置大火上，加水淀粉推匀至收汁现油时，出锅淋于主、辅料上即可。

（5）操作要领

①煨制时控制好火力大小。

②炒调料时要注意用小火煵炒出香后掺汤。

③勾芡时控制好火力，掌握好水淀粉的用量和浓稠度。

（6）食用建议

①最佳食用温度：60～75 ℃。

②最佳食用时间：上桌后20分钟左右。

（7）适用范围

佐饭、零餐、筵席均可。

（8）拓展菜肴

白果煨脱骨凤翅、芸豆煨牛头方。

菜例 3.15.4　瓦罐神仙肉

（1）成菜标准要求

①感官要求：汁稠色红发亮，形完整，装盘大气、美观。

②质感：熟糯入味。

③气味及口味：鲜香味醇。

（2）器具准备

①盛装器皿：直径40 cm大圆窝盘。

②炉灶：燃油或燃气炒菜灶。

（3）原料

①主料：带皮狗肉1 kg。

②辅料：鸡架1副，嫩菜心250 g，红枣10 g，甘蔗60 g。

③调料：盐2 g，味精2 g，鸡精2 g，红酱油2 g，胡椒粉2 g，姜50 g，葱叶50 g，陈皮3 g，料酒15 g，鲜汤750 g，香油5 g，混合油30 g，色拉油1 000 g（实耗100 g）。

（4）操作步骤

①初步熟处理：狗肉洗净，放清水漂透血水，入锅煮至半熟，捞出晾干皮上水分，抹上冰糖色入锅“走油”。鸡架入锅中焯水去血沫洗净待用，菜心焯至断生待用。

②刀工处理：将狗肉在没有皮的一面剞上花刀（不要剞穿花），甘蔗洗净砍成短节，陈皮切细丝。

③加热处理：鸡架放入瓦罐内垫底，放狗肉掺入鲜汤淹没。下姜片、甘蔗块、陈皮丝、红枣、盐、红酱油、料酒、糖色等调色、调味，烧开后用小火煨2小时至狗肉熟软入味。

④装盘：将菜心置于盘中摆放整齐，再捞出狗肉置于菜心上。煨肉原汁加少许鸡精、味精、香油调转，浇入盘中即可。

（5）操作要领

①掌握好掺入鲜汤的量，以淹没原料为度。

②要保持火力持续均匀，以狗肉酥烂软香、成型不烂为好。

（6）食用建议

①最佳食用温度：60～75℃。

②最佳食用时间：出锅后即食最佳，不宜冷食。

（7）适用范围

佐饭、零餐、筵席均可。

（8）拓展菜肴

坛子肉、红枣煨肘、砂罐煨土鸡。

【想一想】

①红煨蹄髈的操作要领是什么？

②瓦罐神仙肉的成菜要求是什么？

目标教学3.16　蒸制技艺

1）蒸的定义

蒸是指食品经过加工切配、调味盛装，利用蒸汽加热使之成熟的烹调方法。

2）蒸的工艺流程

加工切配→调味盛装→蒸汽加热成熟。

3）适用范围

鸡、鸭、鱼、猪肉、羊肉等原料。

4）油温火候

大火。

5）蒸的分类

蒸主要分为粉蒸、旱蒸、清蒸等。

菜例 3.16.1　咸烧白

图3.28　咸烧白

（1）成菜标准要求

①感官要求：色棕红，厚薄、大小均匀。

②质感：熟、软、糯。

③气味及口味：鲜香味香。

（2）器具准备

①盛装器皿：30 cm条盘或圆盘。

②炉灶：蒸箱。

③炊具：炒勺、双耳炒锅、蒸笼。

（3）原料

①主料：猪三线肉500 g。

②辅料：芽菜100g。

③调料：二荆条泡椒4根，花椒3 g，姜米15 g，酱油10 g，醋5 g，盐1 g，甜酱50 g，菜油2 kg（实耗150 g）。

（4）操作步骤

①刀工处理：将肉置于火上或红的锅中燎皮至皮焦，用温水浸泡软后刮洗干净。芽菜洗净切成细末。

②熟处理：将刮洗干净的肉置于锅中煮至断生捞起，锅内汤留用。趁热均匀地涂抹酱油和甜面酱在肉皮上，使其冷却。锅中掺油烧至七成热时，将肉置于锅中炸至色棕红捞起，放入肉汤中浸泡10分钟。

③定型及蒸制：将肉捞起切成长6～9 cm、厚0.5 cm的片，于碗中定碗成一封书形，两边再各镶一片，边角打底用。放入调料，再放入芽菜。入笼用大火蒸熟出笼，翻扣于盘中即成。

（5）操作要领

①如肉皮有猪毛，可用镊子先夹去，再燎皮。

②应趁热抹上甜面酱和酱油，这样才能收汁。收汁后再炸制，色才上得牢固。

③炸皮时，肉皮受热要均匀。这样上色才一致，且能增加肉皮的软糯度。

④醋的作用是使肉皮钙化起皱。应控制好量，不能吃出酸味来。

（6）食用建议

①最佳食用温度：60 ~ 75 ℃。

②最佳食用时间：从菜品端上桌，以不超过10分钟为宜。

（7）适用范围

佐饭、筵席均可。

菜例 3.16.2 粉蒸肉

图3.29 粉蒸肉

（1）成菜标准要求

①感官要求：色泽红亮。

②质感：肉质软糯。

③气味及口味：咸鲜带甜、辣，豌豆清香。

（2）器具准备

①盛装器皿：30 cm条盘或圆盘。

②炉灶：蒸箱。

③炊具：炒勺、双耳炒锅、蒸笼。

（3）原料

①主料：带皮猪保肋肉200 g。

②辅料：豌豆75 g，大米粉25 g。

③调料：郫县豆瓣15 g，豆腐乳汁5 g，醪糟汁5 g，酱油4 g，姜米3 g，葱2 g，花椒8粒，味精2 g，盐0.5 g，料酒2 g，糖色4 g，水50 g，油脂20 g。

（4）操作步骤

①刀工处理：大葱和花椒切成刀口花椒。豌豆洗净，豆瓣剁细，下油锅中炒香。

②调味及定型：将猪肉去毛洗净，改刀成长6～10cm、厚0.3cm的片。肉片放入盆中加调味品拌匀，放置20分钟后装入碗中定碗成一封书形，两边再各镶一片，边角打底用。将豌豆放入拌肉的盆中加少许米粉、盐0.5 g、水拌匀装入碗中。

③蒸制：入笼用大火蒸熟出笼（约1小时），翻扣于盘中即成。

（5）操作要领

①米粉的粗细应掌握好。除了用豌豆作为辅料外，还可以选择红苕、土豆类作为辅料。

②掌握好米粉和汤料的比例。

③如果选用的猪肉瘦肉比较多，就适当加点油。

④如果中途加水，应该加沸水。

（6）食用建议

①最佳食用温度：60～75 ℃。

②最佳食用时间：从菜品端上桌，以不超过10分钟为宜。

（7）适用范围

佐饭、筵席均可。

（8）拓展菜品

荷叶粉蒸肉。

菜例 3.16.3 汽锅鸡

（1）成菜标准要求

①感官要求：块状大小均匀。

②质感：肉质软糯。

③气味及口味：咸鲜清香。

（2）器具准备

①盛装器皿：汽锅。

②炉灶：蒸箱。

③炊具：炒勺、双耳炒锅。

（3）原料

①主料：剖鸡1只。

②调料：姜块20 g，葱节30 g，盐2 g，味精1g，胡椒粉1 g，清汤1 kg，料酒20 g。

（4）操作步骤

①刀工处理：将剖鸡剔去大骨，宰成长7 cm、宽2 cm的块。入沸水锅中焯水捞起，洗净

装入汽锅内。姜拍破待用。

②蒸制：清汤烧沸，调味，加姜、葱、料酒装入汽锅内，上笼蒸至鸡肉熟软。取出揭开盖，拣去姜、葱，再盖上盖即成。

（5）操作要领

①蒸制的时间一定要掌握好。

②应根据汽锅的容量正确掌握原料和汤量。

（6）食用建议

①最佳食用温度：60～75℃。

②最佳食用时间：从菜品端上桌，以不超过25分钟为宜。

（7）适用范围

佐饭、筵席均可。

（8）拓展菜品

天麻汽锅鸡。

菜例 3.16.4　清蒸鳜鱼

（1）成菜标准要求

①感官要求：鱼形完整。

②质感：肉质细嫩。

③气味及口味：豉油香浓郁。

（2）器具准备

①盛装器皿：30 cm鱼形盘。

②炉灶：蒸箱。

③炊具：炒勺、双耳炒锅。

（3）原料

①主料：鳜鱼1尾，约750 g。

②辅料：葱丝，姜丝，红椒丝。

③调料：味精2 g，盐0.5 g，蒸鱼豉油50 g，化猪油10 g，料酒2 g。

（4）操作步骤

①刀工处理：鳜鱼剖开去掉内脏，在鱼身上剞上对称均匀的花刀，用料酒、盐、姜、葱码味待用。将大葱、姜、红椒切丝，用水浸泡待用。

②蒸制：在鱼肉身上淋上化猪油，入笼用大火蒸熟出笼，拣去姜、葱，淋上蒸鱼豉油。将姜、葱、红椒三丝放置在鱼身上，锅内烧油至六成，浇于三丝上即成。

（5）操作要领

①蒸制时间在15分钟左右。

②剞花刀时划破鱼皮即可。否则会蒸烂。

（6）食用建议

①最佳食用温度：60～75 ℃。

②最佳食用时间：从菜品端上桌，以不超过10分钟为宜。

（7）适用范围

佐饭、筵席均可。

（8）拓展菜品

清蒸多宝鱼、清蒸鲈鱼。

菜例 3.16.5　蒜茸开边虾

图3.30　蒜茸开边虾

（1）成菜标准要求

①感官要求：虾肉翻卷，外形美观。

②质感：细嫩鲜香。

③气味及口味：蒜香浓郁。

（2）器具准备

①盛装器皿：30 cm条形盘。

②炉灶：蒸箱。

③炊具：炒勺、双耳炒锅。

（3）原料

①主料：对虾12只。

②辅料：红椒200 g，大蒜100 g。

③调料：鸡精2 g，盐0.5 g，料酒10 g，胡椒粉1 g。

（4）操作步骤

①将大虾洗净，虾要先用刀开背，去除虾线，用料酒和适量盐、胡椒粉腌制。红彩椒切成小粒，香葱切葱花，蒜切细末。

②将蒜末置放在虾身上，放入蒸箱内蒸3分钟后取出，加上红椒末，爆热油后撒上葱花即成。

（5）操作要领

①应用刀尖剁断虾筋，防止虾受热卷曲。

②上锅蒸用大火，锅开后改中火，防止虾变老。

（6）食用建议

①最佳食用温度：60～75 ℃。

②最佳食用时间：从菜品端上桌，以不超过10分钟为宜。

（7）适用范围

佐饭、筵席均可。

（8）拓展菜品

蒜蓉粉丝贝、蒜蓉粉丝白菜。

【想一想】

①咸烧白的调料用到了哪些？

②汽锅鸡的成菜要求是什么？

目标教学3.17 焗制技艺

1）焗的定义

焗是指以汤汁与蒸汽或盐为导热媒介，将经腌制的原料或半成品加热至熟而成菜的烹调方法。

2）焗的工艺流程

原料刀工处理→腌制→原料初步熟处理→焗制→刀工处理、装盘→加原汤汁与味料后上席。

3）适用范围

禽类等原料。

4）油温火候

大火，小火。

5）分类

焗主要分为砂锅焗、鼎上焗、烤炉焗及盐焗4种。

菜例 3.17.1 上汤焗龙虾

（1）成菜标准要求

①感官要求：色泽金黄。

②质感：质嫩鲜美，香浓可口。

③气味及口味：味道鲜香浓醇。

（2）器具准备

①盛装器皿：30 cm鱼形盘。

②炉灶：燃油或燃气炒菜灶。

③炊具：炒勺、双耳炒锅。

（3）原料

①主料：龙虾仔2只，约500 g。

②辅料：伊面150 g，洋葱10 g。

③调料：味精15 g，鸡粉5 g，盐20 g，胡椒粉10 g，姜片5 g，蒜茸5 g，水淀粉70 g，料酒20 g，黄油70 g，色拉油750 g，上汤250 g。

（4）操作步骤

①刀工处理：龙虾仔斩去触须和一部分步足，再剖开成两半，洗净后横着斩2刀，将两只龙虾仔斩成6块。洋葱切粒状，蒜斩成茸，姜切片，葱切节。然后用姜片、大葱、精盐、料酒、胡椒粉将龙虾仔块腌渍入味。

②初步熟处理：伊面入沸水锅里煮软后，捞出沥干水分。

③伊面处理：净锅上火，掺入上汤烧沸，用盐、鸡粉、味精、胡椒粉调好味。下入伊面稍煮，起锅装在一窝盘里，浸泡待用。

④炸制：锅洗净上火，下入色拉油烧至五成熟时，将龙虾仔块蘸上少许生粉，下入油锅炸至七成熟，捞出沥油。

⑤焗制：锅底留油适量，放入黄油烧化，下蒜茸、洋葱粒炒香，掺入上汤，放入龙虾仔、伊面调味。盖上锅盖，用小火焗约5分钟，随后用筷子将伊面捞出垫在盘底，再将龙虾仔摆在伊面上面。

⑥用水淀粉将锅中汤汁收浓、浇在龙虾仔上即成。

（5）操作要领

①龙虾仔腌渍时间不宜过长，入味即可，否则影响成菜口感。

②龙虾仔炸制时，不能炸熟透。

③焗制时一定要加盖，并掌握好时间。

（6）食用建议

①最佳食用温度：60～75 ℃。

②最佳食用时间：从菜品端上桌，以不超过10分钟为宜。

（7）适用范围

佐饭、筵席均可。

（8）拓展菜品

芝士牛油焗龙虾、美极焗鱼唇、美极焗鸭下巴等。

菜例 3.17.2　火焰盐焗虾

（1）成菜标准要求

①感官要求：火焰热烈，独具特色。

②质感：口感鲜嫩。

③气味及口味：原汁原味，鲜香诱人。

图3.31 火焰盐焗虾

（2）器具准备

①盛装器皿：30 cm条形盘。

②炉灶：燃油或燃气炒菜灶。

③炊具：炒勺、双耳炒锅。

（3）原料

①主料：大虾12只。

②辅料：青、红椒各30g，洋葱丝50 g。

③调料：粗盐1k g，精盐15 g，料酒20g，高度白酒70 g，胡椒粉5 g，味精10 g，蚝油10 g，美极鲜酱油15 g，铝箔纸12张。

（4）操作步骤

①刀工处理：青、红椒，洋葱切成细丝。大虾去掉虾须和虾足，逐一用竹签穿好。

②腌渍：将大虾放入盆中，加入精盐、料酒、胡椒粉、味精、蚝油、美极鲜酱油码味约30分钟。然后，取一张铝箔纸，放上一只虾，再放上青、红椒丝和洋葱丝，包裹好逐一制完即可。

③加热处理：净锅上火，放入粗盐烧至灼热，铲起，部分放在瓦罐里，放入包好的大虾。再铲入剩余的粗盐，加盖焗约10分钟。将适量炒热的粗盐放入一盘中，再摆上焗好的虾，上桌后，淋上适量的高度白酒并点燃，稍后即可剥纸食用。

（5）操作要领

①宜选用颗粒较大的粗盐焗制。因其热容量较大，可吸收较多的热量，持续时间较长，使原料更易成熟。

②热焗前一定要将盐炒至灼热且带有焦香味，才能放入原料焗制。

③如盐的温度下降了，还需将盐再炒热，继续焗制。直至将原料焗熟。

④因铝箔纸包裹大虾时，一定要包裹严实。可在纸上涂抹一些猪油，以增加菜肴的脂香味，也防止纸沾裹在大虾上，影响食用。

（6）食用建议

①最佳食用温度：60～75℃。

②最佳食用时间：从菜品端上桌，以不超过10分钟为宜。

（7）适用范围

佐饭、筵席均可。

（8）拓展菜品

东江盐焗鸡、盐焗禾花雀等。

菜例 3.17.3 葱油焗扇贝

（1）成菜标准要求

①感官要求：贝形完整，装盘美观、大方。

②质感：鲜嫩可口。

③气味及口味：鲜香醇浓。

（2）器具准备

①盛装器皿：30 cm圆盘。

②炉灶：燃油或燃气炒菜灶。

③炊具：炒勺、双耳炒锅。

（3）原料

①主料：扇贝8只。

②辅料：洋葱15 g。

③调料：精盐20 g，料酒20 g，胡椒粉10g，鸡精10 g，黄油10 g，蒜10 g。

（4）操作步骤

①刀工、腌渍：扇贝从中间剖开成两半，清洗干净。在扇贝肉上表面逐一剞上十字花刀。用盐、胡椒粉、料酒、鸡粉腌渍入味。洋葱切粒，蒜斩茸待用。

②焗制：将扇贝肉连壳放在烤盘里，再逐一在贝肉表面涂上黄油，撒上洋葱粒、蒜茸。然后放入预热至250℃的电焗炉里，焗约8分钟，即可取出装盘。

（5）操作要领

①一定要先将焗炉预热至所需温度时，才能放入扇贝焗制，这样才能使其口感鲜嫩。

②控制好炉温和加热的时间。

（6）食用建议

①最佳食用温度：60～75℃。

②最佳食用时间：从菜品端上桌，以不超过10分钟为宜。

（7）适用范围

佐饭、筵席均可。

（8）拓展菜品

咖喱焗鸡、焗蛋奶布丁、焗叉烧肉。

【想一想】

①焗法的工艺流程是什么？

②盐焗虾的操作要领是什么？

项目 4

中餐甜菜烹调技艺

【教学目标】

★掌握甜菜的概念与分类。
★掌握各种甜菜的工艺流程。
★注意区别不同的甜菜制作法。

【知识延伸】

★甜菜菜肴原料知识。
★了解适合制作甜菜的原料。
★火力和掌握火候。
★营养卫生知识。

目标教学4.1 甜菜热食技艺

菜例 4.1.1 八宝饭

图4.1 八宝饭

（1）成菜标准要求

①感官要求：色彩配搭合理。

②质感：软糯可口。

③气味及口味：香甜味重。

（2）器具准备

①盛装器皿：30 cm凹盘。

②炉灶：蒸箱。

③炊具：炒勺、双耳炒锅、蒸笼。

（3）原料

①主料：糯米200 g。

②辅料：薏米、芡实、瓜条、百合、蜜枣、橘饼、蜜樱桃、葡萄干各10 g。

③调料：冰糖100 g，白糖75 g，熟猪油50 g，生粉适量。

（4）操作步骤

①刀工、熟处理：将薏米、百合、芡实洗干净。分装在3个小碗中，加清水少许，上笼蒸20分钟，取出晾凉。瓜条、橘饼、蜜枣均切成0.5 cm见方的小丁。蜜樱桃对剖开，葡萄干淘洗干净。

②主料处理：糯米淘洗干净，用一只大碗盛上，加清水上笼蒸成硬糯米饭。取出趁热加入白糖75 g，熟猪油30 g备用。

③定型：用蒸碗把薏米、百合、芡实和各种蜜饯小丁、葡萄干、蜜樱桃等均匀地放入碗底，将蜜樱桃有规律地摆一下，上面再放入拌了白糖和熟猪油的糯米饭，用手按紧。隔水蒸40分钟，取出翻入一大圆碟中。

④炒蜜汁：用干净炒锅放入滚水200 g，下冰糖熬化后，加入适量生粉水，放入余下的20 g熟猪油起锅，淋在圆碟中的糯米饭上即可。

（5）操作要领

注意蒸制的火候。

（6）食用建议

①最佳食用温度：60～75 ℃。

②最佳食用时间：从菜品出锅至食用，以不超过20分钟为宜。

（7）适用范围

主食、筵席均可。

菜例 4.1.2　八宝锅蒸

（1）成菜标准要求

①感官要求：色浅，呈淡棕黄色。

②质感：滋润酥香。

③气味及口味：香甜味重。

（2）器具准备

①盛装器皿：30 cm圆盘。

②炉灶：燃油或燃气炒菜灶。

图4.2　八宝锅蒸

③炊具：炒勺、双耳炒锅。

（3）原料

①主料：面粉100 g。

②辅料：酥核桃仁15 g，荸荠5 g，蜜瓜圆10 g，蜜樱桃10 g，蜜枣10 g，橘饼5 g。

③调料：白糖70 g，食用油100 g，清水250 g。

（4）操作步骤

①刀工处理：将辅料全部加工成绿豆大小的颗粒。

②加热处理：炒锅置火上，放油烧至三成油温，加入面粉炒香呈浅黄色，且锅底呈现沙粒状。加入清水，搅匀，待吸水充分后，加少许油炒酥香，放入白糖炒至融化。最后放入辅料，推匀起锅装盘成菜。

（5）操作要领

①火力不能大，油温宜低。

②控制好水量，多则偏稀，成菜不酥软。

（6）食用建议

①最佳食用温度：60 ~ 75 ℃。

②最佳食用时间：从菜品出锅至食用，以不超过15分钟为宜。

（7）适用范围

可作为甜菜或甜小吃。

菜例 4.1.3　蚕豆泥

（1）成菜标准要求

①感官要求：颜色碧绿。

②质感：爽口沙糯。

③气味及口味：香甜可口。

（2）器具准备

①盛装器皿：20 cm条盘。

②炉灶：燃油或燃气炒菜灶。

③炊具：炒勺、双耳炒锅。

（3）原料

①主料： 新鲜蚕豆200 g。

②调料：白糖100 g，食用油50 g。

（4）操作步骤

①蚕豆去壳，洗净，用沸水煮熟，晾干水气，再加工成泥。

②炒锅置火上，下油烧至三成油温，放入蚕豆泥炒至翻沙不粘锅时，加入白糖炒至融化，起锅装盘成菜。

（5）操作要领

①蚕豆必须煮软。

②加白糖时不要炒久了。

（6）食用建议

①最佳食用温度：60 ~ 75 ℃。

②最佳食用时间：从菜品出锅至食用，以不超过15分钟为宜。

（7）适用范围

可作为甜菜或甜小吃。

菜例 4.1.4　拔丝香蕉

图4.3　拔丝香蕉

（1）成菜标准要求

①感官要求：颜色金黄。

②质感：外脆内酥软。

③气味及口味：甜香醇正。

（2）器具准备

①盛装器皿：20 cm条盘。

②炉灶：燃油或燃气炒菜灶。

③炊具：炒勺、双耳炒锅。

（3）原料

①主料：香蕉两根，重约200 g。

②调料：面粉20 g，干淀粉40 g，鸡蛋两个，白糖100 g，矿泉水1瓶，色拉油1 kg（约耗50 g）。

（4）操作步骤

①刀工处理：将香蕉去皮切成滚刀块。矿泉水分两碗装好。

②调脆糊糊：将面粉、干淀粉、鸡蛋液调匀，再加油15 g调制成脆糊糊。

③熟处理：锅置火上，放油烧至五成油温时，将香蕉块逐个挂上脆糊糊，放入油锅中炸定型捞出；待油温升起来后，复炸至色泽金黄时捞出。用锅中的油淋烫一下条盘内部。

④炒糖：锅内放油少许，加白糖炒至糖融化转为棕黄色时，锅离火口，倒入炸好的香蕉迅速翻动，使糖液均匀地裹在香蕉上。然后装入有油的条盘内，配两碗水上菜。

（5）操作要领

①香蕉不宜剥皮太早。

②加热糖时要注意火候。不能炒过了，否则口感发苦。

（6）食用建议

①最佳食用温度：60～75 ℃。

②最佳食用时间：从菜品出锅至食用，以不超过15分钟为宜。

（7）适用范围

可作为甜菜或甜小吃。

菜例 4.1.5　八宝瓤梨

（1）成菜标准要求

①感官要求：梨形完整。

②质感：软糯可口。

③气味及口味：甜而不腻。

（2）器具准备

①盛装器皿：20 cm凹盘。

②炉灶：燃油或燃气炒菜灶。

③炊具：炒勺、双耳炒锅。

（3）原料

①主料：鸭梨或酥梨10个，糯米250 g。

②辅料：薏米、苡仁、瓜条、百合、蜜枣、橘饼、蜜樱桃、核桃各40 g。

③调料：白糖250 g，化猪油100 g。

（4）操作步骤

①刀工处理：将梨削皮后，在梨把顶端2 cm处将顶端切下，于剖口处挖空内瓤，用水漂透。

②烹调处理：百合、苡仁等用开水发透、漂冷，瓜条、蜜枣、橘饼、蜜樱桃、核桃切成小颗粒。糯米用开水煮至断生，后加辅料、化猪油、白糖拌匀成馅，瓤入挖空的梨腹内。盖上梨把，上笼蒸至糯米全熟取出。

③锅中下水烧沸，下白糖熬化，待汁浓稠发亮时起锅，淋于梨上即可。

（5）操作要领

①糯米蒸制一定要见米内心变色沥起，否则即是夹生饭。

②蒸时要用大火，一鼓作气蒸好。

③汤汁一定要浓稠，以能挂于梨上为宜。

（6）食用建议

①最佳食用温度：60～75 ℃。

②最佳食用时间：从菜品出锅至食用，以不超过15分钟为宜。

（7）适用范围

可作为甜菜或甜小吃。

【想一想】

①拔丝香蕉的火候掌握要领是什么？

②脆褓糊的制作要领是什么？

目标教学4.2　甜菜冷食技艺

菜例 4.2.1　糖粘花仁

图4.4　糖粘花仁

（1）成菜标准要求

①感官要求：粘糖均匀。

②质感：酥脆鲜香。

③气味及口味：食之爽口。

（2）器具准备

①盛装器皿：20 cm条盘。

②炉灶：燃油或燃气炒菜灶。

③炊具：炒勺、双耳炒锅。

（3）原料

①主料：花生仁250 g。

②调料：盐、白糖各70 g，清水50 g，炒盐适量。

（4）操作步骤

①锅洗净，炙好放入盐，加花生用小火炒至酥脆起锅放入方盘中，待冷却以后去皮待用。

②锅洗净加清水烧开，放白糖用小火熬至起鱼眼泡。将锅端离火口，依次放入辣椒面、花椒面、味精、醋，然后放入花生米、使花生均匀地裹上调料。待糖翻沙时再撞霜，冷却以后装盘即可。

（5）操作要领

①掌握熬糖的火候，要用微火熬制糖水。

②掌握好各种调料的使用比例，做到恰如其分。

③花生要粘匀而不粘连。

（6）食用建议

①最佳食用温度：冷食。

②最佳食用时间：不限。

（7）适用范围

可作为甜菜或甜小吃。

菜例 4.2.2　糖粘桃仁

图4.5　糖粘桃仁

（1）成菜标准要求

①感官要求：粘糖均匀。

②质感：酥脆。

③气味及口味：香甜醇正。

（2）器具准备

①盛装器皿：20 cm条盘。

②炉灶：燃油或燃气炒菜灶。

③炊具：炒勺、双耳炒锅。

（3）原料

①主料：干核桃仁。

②调料：白糖70 g，清水50 g，食用油500 g（约耗10 g）。

（4）操作步骤

①核桃仁用开水浸泡后，捞出撕去表皮。

②锅内烧油至三成热时，放入核桃仁炸至酥脆，捞出晾凉。

③锅洗干净，放入清水、白糖，用小火将糖加热至浓稠。锅离火口，倒入桃仁翻炒均匀，待糖起粉黏附在桃仁上时，装入盘里晾凉即成。

（5）操作要领

①核桃仁选质优、个大的。

②制作量大的时候，反复用热水多烫几次，除去苦涩味即可。

③熬糖时注意所有用具不能沾油，否则只会拔丝而不挂霜。

（6）食用建议

①最佳食用温度：冷食。

②最佳食用时间：不限。

（7）适用范围

可作为甜菜或甜小吃。

菜例 4.2.3 珊瑚雪莲

图4.6 珊瑚雪莲

（1）成菜标准要求

①感官要求：色泽自然。

②质感：质地脆嫩。

③气味及口味：甜酸爽口。

（2）器具准备

①盛装器皿：20 cm凹盘。

②炉灶：燃油或燃气炒菜灶。

③炊具：炒勺、双耳炒锅。

（3）原料

①主料：莲藕200 g。

②调料：白糖80 g，柠檬1个，盐0.5 g。

（4）操作步骤

①莲藕刮去外皮洗净，切成薄片用清水泡洗。柠檬切片。

②锅内烧水至沸腾，放入藕片焯水断生，捞出用水冲凉。

③用一个汤钵，将盐、白糖、柠檬片、冷开水搅和均匀成甜酸味的“珊瑚汁”，将藕片放入汤钵中浸泡15分钟。走菜时，将藕片整齐地装入盘中，淋上“珊瑚汁”即可。

（5）操作要领

①藕片也可以生泡。

②“珊瑚汁”为一次性使用。可以浸泡1 ~ 2天。

③藕在刀工处理时，应注意防止其变色。

（6）食用建议

①最佳食用温度：冷食。

②最佳食用时间：不限。

（7）适用范围

可作为甜菜或甜小吃。

菜例 4.2.4　杏仁豆腐

（1）成菜标准要求

①感官要求：颜色透明，清爽怡人。

②质感：清凉爽口。

③气味及口味：口味醇甜。

（2）器具准备

①盛装器皿：20 cm凹盘 。

②炉灶：燃油或燃气炒菜灶。

③炊具：炒勺、双耳炒锅。

（3）原料

①主料：琼脂3 g。

②辅料：甜杏仁50 g，蜜枣10 g。

③调料：清水1 kg，白糖20 g。

（4）操作步骤

①将琼脂洗净后，用温水泡涨，然后上笼蒸化或煮化。花生米用开水泡涨，撕去蒙皮。杏仁用温热水泡10分钟后，撕去皮，再用冷水泡约半个小时，然后与花生一起放入榨汁机中打成浆汁。用清水250 g将浆汁调散，用洁净的纱布滤去渣子。

②取浆汁入锅烧开，与蒸化的琼脂混合，调成杏仁豆腐汁，盛于一平底碗内，待晾凉后进入冰箱冰镇。另将开水放白糖熬化，冷却后也放入冰箱冰镇。

③走菜时从冰箱取出杏仁豆腐和糖水，用小刀将杏仁豆腐打成菱形块，撒上樱桃，灌入糖水即成。

（5）操作要领

①掌握好琼脂、水及杏仁的比例。

②锅一定要洁净，避免有油腥味。

③蒸或煮琼脂时一定要熬好，不能有小疙瘩 。

（6）食用建议

①最佳食用温度：冷食。

②最佳食用时间：不限。

（7）适用范围

可作为甜菜或甜小吃。

菜例 4.2.5　龙眼果冻

（1）成菜标准要求

①感官要求：颜色透明。

②质感：质地滑嫩，清凉爽口。

③气味及口味：口味甘甜。

（2）器具准备

①盛装器皿：30 cm圆盘。

②炉灶：燃油或燃气炒菜灶。

③炊具：炒勺、双耳炒锅。

（3）原料

①主料：琼脂10 g。

②辅料：蜜樱桃20颗，糖水橘瓣12瓣。

③调料：清水500 g，白糖100 g。

（4）操作步骤

①将琼脂洗净后，用温水泡涨，然后加糖上笼蒸化或煮化成冻汁。

②取12个酒杯，每个酒杯中放入蜜樱桃，再倒入冻汁。待冷却凝固后，取出便成“龙眼冻”。

③将“龙眼冻”放置在冰箱里冷藏，另将开水放白糖熬化，冷却后也放入冰箱冰镇。走菜时将“龙眼冻”摆放于盘中，周围镶上橘瓣、淋上冻糖液即成。

（5）操作要领

①掌握好琼脂、水比例。可以通过加水和加热蒸发来调节干稀度。

②杯子要选用口径大杯底小的，以便取出。

（6）食用建议

①最佳食用温度：冷食。

②最佳食用时间：不限。

（7）适用范围

可作为甜菜或甜小吃。

【想一想】

①糖粘的火候掌握要领是什么？

②龙眼果冻的操作要领是什么？

项目 5

地方风味菜肴

【教学目标】

★掌握我国地方风味菜肴的特色。
★掌握几种基本的地方风味菜肴。
★注意不同地方风味菜肴的形成历史。

【知识延伸】

★地方风味菜肴的拓展。
★地方风味菜肴的掌故。

目标教学5.1 川式地方风味菜肴

1）川菜菜系的形成

川菜作为中国汉族传统的四大菜系、我国八大菜系之一，取材广泛，调味变化多样，菜式具有适应性，口味清鲜醇浓并重，以善用麻辣调味著称。川菜以其别具一格的烹调方法和浓郁的地方风味，融汇东南西北各方的特点，博采众家之长，善于吸收、创新，享誉中外。

川菜形成于清末和抗战两个时间段，以家常菜为主，取材多为日常百味。其特点在于红味讲究麻、辣、香，白味咸鲜中带着醇厚。

川菜，由川西成都、乐山为中心的上河帮，川南自贡、宜宾为核心的小河帮，重庆、南充、达州为中心的下河帮组成。

上河帮也就是以成都和乐山为核心的蓉派菜系，其特点亲民平和、调味丰富、口味相对清淡，多为传统菜品。蓉派川菜讲求用料精细准确，严格以传统经典菜谱为准，其味温和、绵香悠长。同时，集中了川菜中的宫廷菜、公馆菜之类的高档菜，通常颇具典故。精致细腻，多为流传久远的传统川菜，旧时历来作为四川总督的官家菜。

小河帮是以川南自贡、宜宾为中心的盐帮菜，其特点是大气、重辣、高端。

下河帮以重庆、达州、南充为中心。下河帮川菜大方粗犷，以花样翻新迅速、用料大胆、不拘泥于材料著称，俗称“江湖菜”。达州、南充川菜以传统川东菜为主，如酸萝卜老鸭汤、烧鸡公。重庆川菜则结合了川东精品川菜的影响，加上长江边码头文化，生发出不拘一格的传扬风格。

2）川菜的风味特点

（1）一菜一格，百菜百味

川菜有麻、辣、甜、咸、酸、苦6种味型。在6种基本味型的基础上，又可调配变化为多种复合味型。在川菜烹饪过程中，如能运用味的主次、浓淡、多寡，调配变化，加之选料、切配和烹调得当，即可获得色香味形俱佳，具有特殊风味的各种美味佳肴。

川菜特点是突出麻、辣、香、鲜、油大、味厚，重用“三椒”（辣椒、花椒、胡椒）和鲜姜。调味方法有干烧、鱼香、怪味、椒麻、红油、姜汁、糖醋、荔枝、蒜泥等复合味型，形成了川菜的特殊风味，享有“一菜一格，百菜百味”的美誉。

（2）菜式的广泛适应性

川菜主要由高级宴会菜式、普通宴会菜式、大众便餐菜式和家常风味菜式四个部分组成。四类菜式既各具风格特色，又互相渗透和配合，形成一个完整的体系，对各地各阶层甚至对国外，都有广泛的适应性。

（3）选料广泛且讲究

长久以来，厨师烹饪菜肴，对原料选择非常讲究，川菜亦然。它要求对原料进行严格选择，做到量材使用、物尽其用，既要保证质量，又要注意节约。例如，川菜对辣椒的选择是很注重的，如麻辣、家常味型菜肴，必须用四川的郫县豆瓣；制作鱼香味型菜肴，必须选用二荆条泡椒等。

（4）精心烹调，烹制方法以干煸干烧、小煎小炒为特色

川菜的烹调方法很多，火候运用极为讲究。众多的川味菜式，是用多种烹调方法烹制出来的。川菜烹调方法多达几十种，常见的如炒、熘、炸、爆、蒸、烧、煨、煮、焖、煸、炖、淖、卷、煎、炝、烩、腌、卤、熏、拌、糁、蒙、贴、酿等。

川菜主要传统风味菜品有回锅肉、鱼香肉丝、麻婆豆腐、宫保鸡丁、水煮肉片等。

菜例 5.1.1 飘香鸡

这是以三黄鸡为主料，加郫县豆瓣、火锅底料、糍粑海椒等调料为辅料烹制的一道创新菜，具有香气浓郁、微辣、带有烧烤菜孜然香味等特点。

（1）成菜标准要求

①感官要求：色泽红亮，整鸡成形，鸡皮带皱纹。

②气味及口味：孜然、姜、蒜，香气浓郁，具有特有的烧烤风味。

③形态：鸡成形不烂。

（2）器具准备

①盛装器皿：竹篾1张，42 cm圆形盘。

②炉灶：燃油或燃气炒菜灶。

③炊具：炒勺、双耳炒锅，30 cm高压锅。

（3）原料

①主料：净膛三黄鸡1只，约1 600 g。

②辅料：大葱75 g，香菜50 g，色拉油1500 g（约耗250 g），烤料孜然粉2 g，茴香2 g，姜米1 g，盐1 g，味精1 g。

③调料：郫县豆瓣50 g，白糖5 g，料酒20 g，大蒜15 g，老姜20 g，火锅底料30 g，糍粑海椒15 g，干花椒10余粒，十三香5 g，鸡精5 g，味精5 g，胡椒面5 g。

（4）操作步骤

①初步处理：将净膛三黄鸡洗净，斩去双爪，双翅盘起，鸡头从翅下开一小口放于内膛，码上料酒腌制约20分钟。

②加热处理：炒锅洗净置中火上，掺入色拉油烧至150 ℃时，放入三黄鸡炸至鸡表面呈淡黄色、手感焦脆即可。锅内留底油400 g，依次放入豆瓣、大蒜、老姜、火锅底料、糍粑海椒、干花椒，炒至油红亮、豆瓣酥香时掺入适量清水，下料酒、鸡精、味精、十三香、白糖、胡椒面。烧开熬10分钟捞去浮沫，沥去料渣，将炸好的三黄鸡放入高压锅，倒入熬好去渣的汤汁，放入大葱。高压锅置中火上，压阀转动时调至小火，压25分钟即成。

③将竹篾垫在大圆盘上，放上洗净切成两段的香菜，将高压锅内的三黄鸡捞出沥干水分。将高压锅内汤汁上的浮油捞出，用100 g油调入烤料。将沥干水分的三黄鸡放入180℃的油锅中，炸至金黄色、鸡皮香脆，放入竹篾上淋上烤料，撒上葱花少许，即可上菜。

（5）操作要领

①掌握好炸鸡的火候。

②炒调料的火候恰到好处。

（6）食用建议

①最佳食用温度：50～70℃。

②最佳食用时间：从菜品出锅至食用，以不超过12分钟为宜。

（7）食用范围

佐酒、佐饭、筵席均可。

（8）拓展菜肴

飘香排骨、飘香肘子、飘香鸭。

菜例 5.1.2　鲜椒土鹅

这是以鹅肉为原料，用二青条海椒、泡海椒、仔姜等调料烹制的一道重庆地方菜，具有色泽红亮、麻辣鲜香、姜味突出、鲜椒味道浓郁的特点。

（1）成菜标准要求

①感官要求：色泽红亮。

②质感：鹅肉香糯，肥而不腻。

③气味及口味：麻辣鲜香，姜、葱、蒜、仔姜、鲜椒香味突出。

④形态：鹅肉呈条状。

（2）器皿准备

①盛装器皿：砂煲，卡式炉。

②炉灶：燃油或燃气炒菜灶。

③炒具：炒勺、双耳炒锅。

（3）原料

①主料：农家放养两年左右的土鹅1只，约2 kg。

②辅料：二青条海椒、仔姜、红小米辣椒。

③调料：熟菜油300 g，化猪油200 g，干花椒50 g，白砂糖10 g，保宁醋10 g，胡椒面5 g，料酒20 g，味精20 g，鸡精20 g，泡姜100 g，老姜150 g，泡海椒150 g，白酒150 g，大蒜50 g，豆瓣酱50 g，大葱30 g，切成5 cm长的段，另将二青条海椒切成5 cm长的段，仔姜、老姜、泡姜均切成长片，红小米辣椒剁细，泡海椒剁细。

（4）操作步骤

①刀工处理：将土鹅放血宰杀后去净毛，内脏洗净待用，鹅肉斩成长4 cm、宽2.5 cm的条。

②加热处理：净锅置旺火上，加入菜油烧至150℃，放入鹅肉煸炒，下入白酒、花椒，煸炒至鹅肉酥香，捞出沥油。净锅置中火上，另加入菜油、猪油，放入豆瓣、老姜、泡姜、泡海椒沫、大蒜炒香后放入鹅肉，续放料酒、白糖、醋、胡椒面、加入鲜汤或沸水，置中火上烧至15分钟左右（视鹅肉的老嫩）。放入二青条海椒、仔姜、红小米辣椒末，再烧2分钟后放入内脏，味精、鸡精、葱段烧开后舀入砂煲中，与卡式炉一同上桌，小火烧开即吃。

（5）操作步骤

①鹅肉刀工处理要做到大小均匀。

②煸炒火候控制好，鹅肉要炒酥香。

③二青条海椒、仔姜、红小米辣椒末要在烧好前几分钟再放。

（6）食用建议

①最佳食用温度：50～75℃。

②最佳食用时间：上桌后不超过15分钟为宜。

③余汤可加入菇类、时蔬，烧开后烫菜吃。

（7）食用范围

佐酒、佐饭、筵席均可。

（8）拓展菜肴

鲜椒鸭、鲜椒鳝段、鲜椒牛蛙等。

菜例 5.1.3　尖椒兔

以现活宰杀的兔肉为主料，加青、红小米辣尖椒，鲜花椒，红花椒，老姜，仔姜等调辅料烹制而成的一道重庆地方菜，具有香气浓郁、麻辣鲜香、肉质细嫩等特点。

（1）成菜标准要求

①感官要求：色泽成米色。

②质感：肉质略外酥里嫩，进口麻辣，回味鲜香。

③气味及口味：麻辣鲜香，有清香味，姜味突出。

④形态：兔肉呈米色，略带酸味。

（2）器具准备

①盛装器皿：42 cm圆形盘。

②炉灶：燃油或燃气炒菜灶。

③炊具：炒勺，双耳炒锅。

（3）原料

①主料：活兔1只，约2 kg。

②辅料：青小米辣350 g，红小米辣椒100 g，熟菜油75 g，老姜50 g，仔姜100 g，鲜花椒50 g，红花椒50 g，色拉油适量。

③调料：白砂糖5 g，料酒20 g，味精10 g，鸡精10 g，胡椒面5 g，食盐少许。

（4）操作步骤

①初步处理：将活兔放血后去皮洗净。

②刀工处理：将净兔宰成1 cm^3的丁，青、红尖椒切成长1.5 cm的节，老姜切成0.5 cm^3长的丁，仔姜切成4 cm左右的片。

③加热处理：炒锅洗净置中火上，掺入色拉油烧至180℃时放入兔丁，待兔肉表面略带皱纹时捞出。锅重新下入菜油，放入尖椒、老姜、青椒、红椒炒至略带发白时放入仔姜。续下兔肉，然后下料酒、白砂糖、胡椒面、味精、鸡精，炒至亮油时装盘而成。

（5）操作要领

①掌握好兔肉过油的油温、时间，下兔肉后应炒至清亮时起锅。

②兔肉宰丁要大小均匀。

③尖椒炒至快发白时放入兔肉，下兔肉后炒至油至清亮时起锅。

（6）食用建议

①最佳食用温度： 60 ~ 75 ℃。

②最佳食用时间：从菜品出锅至食用，以不超过15分钟为宜。

（7）适用范围

佐酒、佐饭、筵席均可。

（8）拓展菜肴

尖椒鸡、尖椒耗儿鱼、尖椒鳝片等。

菜例 5.1.4　太安鱼

太安鱼鱼肉滑嫩，汤汁浓郁，系重庆一道地方风味菜。

（1）成菜标准要求

①感官要求：色泽棕红。

②质感：肉质滑嫩，进口麻辣，回味鲜香。

③气味及口味：麻辣鲜香，有清香味，蒜香味突出。

④形态：鱼肉呈块状、白色。

（2）器具准备

①盛装器皿：48 cm圆形凹盘。

②炉灶：燃油或燃气炒菜灶。

③炊具：炒勺，双耳炒锅。

（3）原料

①主料：鲢鱼1尾，约1 kg。

②辅料：泡姜150 g，泡辣椒200 g，郫县豆瓣50 g，红苕淀粉200 g，熟菜油100 g，猪板油100 g，红花椒20 g，干辣椒20 g，大蒜200 g，小葱段150 g，芹菜叶200 g。

③调料：白糖5 g，料酒20 g，味精10 g，鸡精10 g，花椒面5 g，食盐少许。

（4）操作步骤

①初步处理：将活鲢鱼放血后去内脏洗净。

②刀工处理：鲢鱼切块，然后加盐、酱油、料酒、味精，再加红苕淀粉码味。淀粉应稍微多加一些，其量比做滑肉的淀粉多，比做酥肉的淀粉少。

③加热处理：炒锅洗净置大火上，掺入色拉油烧至200 ℃时，放入鲢鱼块，让鱼在油锅里稍微炸一下就可以全部捞起来。把油锅烧热，放入熟菜油和猪板油，将干辣椒、红花椒炸香后，下入泡姜、泡辣椒、郫县豆瓣、八角茴香、鸡精、盐，炒至色泽红亮、香气四溢时，再加酱油、料酒和糖。在锅内加水，煮开之后把鱼放入，换小火慢慢地煨。10余分钟后开锅，把大蒜拍扁放入锅里，再煮上两三分钟。关火，放上一勺醋，起锅装盘，撒上花椒面、葱节、芹菜叶即可。

（5）操作要领

①掌握好炸鱼的油温、时间，下鱼块炸至定型时起锅。这个工序只是为了使淀粉和鱼充分黏合，外面炸定型、里面包住水分。

②鱼块要大小均匀。

③装盘时最好直接倒入凹盘中，因为鱼肉非常嫩，一用锅铲，鱼就会碎。

（6）食用建议

①最佳食用温度：80 ~ 90 ℃。

②最佳食用时间：从菜品出锅至食用，以不超过10分钟为宜。

（7）适用范围

佐酒、佐饭、筵席均可。

（8）拓展菜肴

太安豆腐鱼、太安魔芋鱼等。

菜例 5.1.5 口水鸡

口水鸡的由来是因为煮熟后白生生的土鸡散发着芳香，再配以红艳艳的油辣子海椒及各种芳香调料混合后散发的香气，通过嗅觉刺激味蕾，让人口水长流，故而得名。此菜主料选择十分讲究，一定要家养土仔公鸡，重在调味，佐料丰富，集麻辣鲜香嫩爽于一盘。

（1）成菜标准要求

①感官要求：肉白油红，配以黑、白熟芝麻，花仁颗粒，青绿葱花，色彩艳丽。

②质感：肉质细嫩，进口麻辣，回味鲜香。

③气味及口味：肉质细嫩、麻辣咸鲜、香味浓郁。

④形态：白色鸡肉呈条状，装盘呈半球形。

（2）器具准备

①盛装器皿：27 cm圆形凹盘。

②炉灶：燃油或燃气灶。

③炊具：炒勺，双耳炒锅。

（3）原料

①主料：乌皮土仔公鸡1只，约1 kg。

②辅料：葱节，老姜适量。

③调料：熟油辣椒50 g，麻油30 g，芝麻酱10 g，花椒油10 g，红酱油10 g，醋10 g，姜、蒜汁30 g，白糖10 g，味精25 g，块状煳辣椒10 g，熟花生末25 g，熟黑、白芝麻共20 g，葱花10 g，料酒30 g，食盐少许。

（4）操作步骤

①初步处理：将活鸡宰杀洗净，去脚和翅尖，入沸水中汆去血水，然后捞起用清水冲洗干净。

②加热处理：锅中掺水烧到70 ℃时放入鸡，下入葱节、姜片、花椒、料酒、精盐，煮到刚断生时起锅，放入冷汤中浸泡，待冷后捞起。

③刀工处理：将鸡斩切成条形，呈半球形地装入凹形盛器中。

④调味：将红酱油、姜蒜汁、芝麻酱、熟油辣椒、花椒油、白糖、醋、味精、红油、麻油放入碗中，兑成汁淋在鸡条上，撒上块状煳辣椒、熟黑、白熟芝麻、花生末、青白葱花即成。

（5）操作要领

①宰杀鸡时一定放尽血液，褪毛时不要伤皮。

②煮鸡去血水时应控制好火候，及时捞出清水冲洗搓去汗皮，鸡煮至断生即可。

③装盘。剁条粗细均匀，呈一字条。

（6）食用建议

最佳食用方法：上桌前5分钟浇汁，让味汁渗透入味。

（7）适用范围

佐酒、佐饭、筵席均可。

（8）拓展菜肴

口水鹅肠、口水兔等。

【想一想】

①太安鱼的码芡工艺有哪些注意要点？

②口水鸡用到哪些调料？

目标教学5.2 粤式地方风味菜肴

1）粤菜的形成

粤菜又称广东菜或岭南风味，它是华南地区肴馔的典型代表，以其广泛的取料、独特

的南国风味、善于博采众长的技法、众多的花式品种、丰富的调味制品而享誉四方，成为我国在世界上影响最大的“四大菜肴”之一。广东菜主要由广州菜、潮州菜、东江菜和港式粤菜构成。

广州菜包括珠江三角洲的肇庆、韶关、湛江等地的风味菜，是粤菜的重要组成部分。其具有用料广泛，选料精细，配料奇特，善于变化，讲究鲜嫩爽滑的特长。夏秋力求清淡，冬春偏重浓醇，在口味上注重“五滋（香、松、脆、肥、浓）、六味（酸、甜、苦、辣、咸、鲜）”，力求清中求鲜、淡中求美。

潮州菜以烹制海鲜见长，其煲制的各种靓汤更具特色，刀工精巧、口味清甜，注重保持主料原有的鲜味。

东江菜又称客家菜，主料突出，朴实大方，下油重，味偏咸，擅长烹制鸡鸭，如东江盐焗鸡，有独特的乡土味。

港式粤菜是粤菜在我国香港地区的发展品种，在粤菜的基础上糅合了西式菜肴的制作方法，使其更加精致、精美。

2）粤菜的风味特点

（1）选料广博奇杂，味型丰富，注重营养的均衡搭配

由于广东优越的地理环境，特产丰富，北有野味、南有海鲜，使得菜肴在选料上广博奇特异杂，鸟、虫均可入馔。飞禽如鹧鸪、鹌鹑、乳鸽、禾花雀等；粤菜在调味制品方面，也有其鲜明的特点，如传统的蚝油、糖醋、豉汁、果汁、西汁、柱候酱、煎封汁、白卤水、酸梅酱、沙茶酱、虾酱、咖喱、柠檬汁、鱼露、淮盐等；新派的如OK酱、卡夫奇妙酱、美极鲜、黑椒汁、沙嗲酱、豉蚝汁、鲜皇汁等。品种花样繁多，用量精而细，配料多而巧，装饰美而艳。

（2）菜肴以鲜爽嫩滑著称，烧烤卤味为其擅长

古时广东就有“虾生”“鱼生”的食法，突出粤菜求鲜的特点。粤菜讲究现宰现烹，很少用冷冻原料。在烹调时，讲究火候“一沸而就”，如“白灼鲜鱿”，再如“大良炒鲜奶”，采用中慢火将牛奶、蛋清混合炒凝结堆，颜色洁白，既鲜嫩又香滑。烧烤和卤水也是粤菜一绝，如金陵片皮鸭、叉烧、片皮乳猪及白云猪手、卤肚杂等。

（3）烹调技法多样，集中西之长，自成一体

粤菜在烹调技法方面广泛吸收了西餐及我国其他地方风味的精华，加以改进，自成一体。例如，粤菜的柠檬焗、软煎、干煎、软炒均由西菜改良而成，煲、扒、焓也由其他菜系演变而来。加上粤菜特有的“煲 ”类滋补菜式、“龙虎凤大烩”等烩类菜肴及“油泡鲜虾仁”的泡油方法等，自成一体，形成了粤菜特有的烹调技法。

3）传统风味菜肴

粤菜的传统风味菜肴主要有白切鸡、清蒸鱼、脆皮乳鸽（鸡）、蚝油牛肉、白灼虾、金钱虾盒、糖酸咕噜肉、白云猪手、干煎大虾碌、烧味、卤味、烤乳猪、龙虎斗、太爷鸡、红烧大裙翅、黄埔炒蛋、炖禾虫、狗肉煲等。

菜例 5.2.1 大良炒牛奶

大良炒鲜奶，源于广东顺德县大良镇。大良古称凤城，为鱼米之乡。人们在饮食上比

较讲究，尤其善于炒与蒸制各类菜肴，故有“凤城炒卖”之说。炒鲜奶一菜，已有上百年的历史。其菜摊在盘中，状如小山，色泽白嫩，十分受人欢迎。在广东及上海、香港、澳门等地均有此菜，盛名不衰，久吃不厌。

（1）成菜标准要求

①感官要求：色泽乳白、明亮。

②质感：奶质鲜嫩爽滑，配料酥爽软韧皆备。

③气味及口味：有浓郁的鲜奶香味，咸鲜可口。

④形态：状如小山，奶呈棉花状。

（2）器具准备

①盛装器皿：30 cm圆盘。

②炉灶：燃油或燃气炒菜灶。

③炊具：炒勺、双耳炒锅。

（3）原料

①主料：鲜牛奶250 g，蛋白250 g。

②辅料：蟹肉50 g，腌虾仁80 g，火腿10 g，鸡肝100 g，炸橄榄仁30 g。

③调料：精盐4 g，味精3 g，鹰粟粉20 g，猪油500 g（耗油100 g）。

（4）操作步骤

①取牛奶50 g放入碗内，加入淀粉调匀。把滑熟的鸡肝、虾仁切成碎料。熟火腿切成0.2 cm^3的正方小粒。鸡蛋清放入另一碗内，加盐和味精搅匀。

②炒锅烧热，放入牛奶200 g，用中火烧至微沸，离火冷却。盛入碗中，加调制好的牛奶淀粉浆和搅匀的蛋清以及熟鸡肝、虾仁、蟹肉、火腿碎粒等，一并搅拌均匀，即成炒鲜奶的奶料。

③用中火把锅烧热，放入10 g熟猪油滑锅后倒出。再放进熟猪油25 g，中火烧至五六成热，放入拌好的奶料，用手勺不停地顺着一个方向翻炒，边炒边向上翻动。当奶料炒成稠厚羹状时，撒入橄榄仁，淋入余下的熟猪油5 g继续炒匀，即可装盘，堆成美观的山形便成。

（5）操作要领

①牛奶最好烧至微沸，再另行调制。

②牛奶与蛋清、淀粉比例要恰当。

③火候是决定此菜肴成败的关键。

（6）食用建议

①最佳食用温度：60 ~ 70 ℃。

②最佳食用时间：从菜品出锅至食用，以5 ~ 8分钟为宜。

（7）适用范围

佐酒、佐饭、筵席均可。

（8）拓展菜肴

瑶柱炒牛奶、白雪鲜虾仁、火鸭丝炒牛奶、四宝炒牛奶等。

菜例 5.2.2　古老肉

古老肉又名咕噜肉，是广东大众皆知的一味传统名菜。此菜始于清代，当时在广州市的许多外国人都非常喜欢食用中国菜，尤其喜欢吃糖醋排骨，但吃时不习惯吐骨。广东厨师即以猪夹心肉加调味和淀粉拌和，先入油锅炸至酥脆，再用糖醋汁调和，使肉粘上糖醋汁，色泽金黄，肉鲜香，酸甜可口。此菜在国内外享有较高声誉。

（1）成菜标准要求

①感官要求：色泽红润、光亮。

②质感：猪肉嫩中带爽脆。

③气味及口味：卤汁鲜香，酸甜可口。

④形态：猪肉呈橄榄状。

（2）器具准备

①盛装器皿：30 cm圆形盘。

②炉灶：燃油或燃气炒菜灶。

③炊具：炒勺、双耳炒锅。

（3）原料

①主料：猪枚肉300 g。

②辅料：菠萝200 g，姜10 g，青椒30 g，鸡蛋30 g。

③调料：精盐2 g，干淀粉100 g，糖醋汁300 g，吉士粉10 g，植物油1 500 g（约耗100 g）。

（4）操作步骤

①将猪枚肉、菠萝改切成橄榄形，青椒切成菱形片。

②将猪枚肉加盐2 g，蛋液30 g，湿粉20 g，吉士粉10 g拌匀，拍上干粉。

③炒锅下油烧至六成，放入猪肉炸至成熟（金黄色），倒在捞篱里，再复炸1次。随即放青椒、菠萝、糖醋汁，勾芡，加入炸好的猪肉拌匀，最后加包尾油即成。

（5）操作要领

①原料规格一致，这样炸熘才会受热均匀，调味渗透，形态美观。

②腌渍以基本味为主。

③控制好糊的干稀厚薄。

④炸制时注意油温和火候的掌握，油温过低主料容易粘连、过高主料易炸焦，达不到外酥松内软熟的质感要求。

（6）食用建议

①最佳食用温度：60～75 ℃。

②最佳食用时间：从菜品出锅至食用，以不超过10分钟为宜。

（7）适用范围

佐酒、佐饭、筵席均可。

（8）拓展菜肴

糖醋蓑衣蛋、糖醋排骨、糖醋禾花鱼、糖醋里脊等。

菜例 5.2.3　盐焗鸡

盐焗鸡是东江地区一道传统名菜。相传，300多年前广东东江沿海一带盐场的人，把煮熟的鸡用纸包好，放入盐堆中储存，后取出食用，发现鸡肉特别鲜美。后来当地餐馆厨师改用烧红的热盐代替冷盐，把生鸡放入盐内“焗”制，取得了皮脆肉嫩、干香适口的独特风味效果。从此，东江的盐焗鸡便流传四方，成为广东名菜。

（1）成菜标准要求

①感官要求：色泽红润。

②质感：皮香脆，肉鲜滑。

③气味及口味：汁浓香，肉嫩骨香，咸鲜可口。

④形态：鸡形完整。

（2）器具准备

①盛装器皿：40 cm腰形盘。

②炉灶：燃油或燃气炒菜灶。

③炊具：炒勺、双耳炒锅。

（3）原料

①主料：肥嫩光母鸡1只，约750 g。

②辅料：姜片25 g，葱条20 g。

③调料：盐焗鸡粉1小袋，料酒10 g，八角1颗，沙姜粉1 g，老抽5 g，熟猪油50 g，砂纸3张，粗盐4 kg。

（4）操作步骤

①把光鸡洗净，用盐焗鸡粉、沙姜粉涂匀鸡身内外，把姜片、葱条、八角和料酒搓匀，放入鸡腹腔内，再用老抽涂匀鸡的表皮。

②把砂纸铺平，其中两张扫上猪油。把鸡放砂纸上，分别包第一层和第二层，第三层用没有扫猪油的砂纸包裹。

③把粗盐放入锅中，用猛火炒至灼热时，扒开盐的中心。把包裹好的鸡埋入，把周围的盐拨回锅上，加盖，把锅端离火位焗片刻。当盐的温度降得太低时，重新炒热盐后再焗，直到把鸡焗熟（约需焗30分钟）为止。

④取出鸡，拨去砂纸，斩件后上碟，砌成鸡形。

（5）操作要领

①为了让原料能得到足够的热量，炒盐时一定要炒至灼热，焗时要加盖，以减少热量的损失。

②主料必须用透气性较好的材料包裹，以利于热量的传递。包裹材料必须抹上猪油，以增加盐焗菜肴的香气，也防止成菜后包裹材料贴于产品的表面。

③盐焗法需反复炒盐，把包裹后的原料，埋入盛有炒热粗盐的容器中，加盖，加热至熟。

（6）食用建议

①最佳食用温度：60 ~ 75 ℃。

②最佳食用时间：从菜品出锅至食用，以不超过5分钟为宜。

（7）适用范围

佐酒、佐饭、筵席均可。

（8）拓展菜肴

盐焗乳鸽、盐焗鸡翅、盐焗海虾、盐焗荷叶鸭等。

菜例 5.2.4　脆皮炸全鸡

脆皮鸡系用脆炸的烹调方法烹制，光鸡经过初步熟处理后在表面涂抹麦芽糖浆，晾干后，再放入油锅中浸炸，使原料外皮增加了比一般菜肴更为突出的酥脆性。其成品具有色泽光润红亮、皮香脆、肉质鲜嫩的风味特点。

（1）成菜标准要求

①感官要求：色泽红亮。

②质感：皮脆，肉鲜，骨香。

③气味及口味：香气浓郁，肉质鲜嫩。

④形态：呈鸡形。

（2）器具准备

①盛装器皿：40 cm腰形盘。

②炉灶：燃油或燃气炒菜灶。

③炊具：炒勺、双耳炒锅。

（3）原料

①主料：光嫩母鸡1只，约1 250 g。

②辅料：姜50 g，葱花25 g，炸虾片50 g。

③调料：花椒盐2 g，料酒10 g，脆皮糖水150 g，淀粉15 g，植物油3 kg（实耗80 g）。

（4）操作步骤

①将光鸡的眼球刺破（防止油炸时爆裂），洗净，放入开水锅中焯烫约半分钟，捞出控水。用针在鸡身上刺30个针眼，择净小细毛和黄衣，待用。

②将鸡放入白卤水锅中，卤煮约15分钟，煮至入味、断生，捞出控水。用洁布擦干水，然后用铁钩钩住鸡的双眼挂起。涂抹脆皮糖水后，吊挂通风口处吹2～4小时，直至鸡皮吹干发硬时止。

③锅架火上，放入植物油，用旺火烧至六七成热，将鸡放入炸至鸡皮松脆并呈金红色时即可捞出控油。

④鸡炸好以后要立即趁热改刀，码入盘内排成鸡形即成。最后将炸好的虾片放在鸡的周围作为饰品上桌，另跟椒盐味碟蘸食。

（5）操作要领

①为使原料色泽均匀，皮质香脆，要求脆皮糖浆的质量要高，上浆要均匀。

②上浆后的原料必须晾干后才能放入沸油锅中炸，否则未晾干的脆皮糖浆在油锅中就会自动滑落，使菜肴表面色泽不均匀。

③根据原料性质、形状和体积的大小，决定炸制的火候，一般炸至表面呈金红色。

(6)食用建议

①最佳食用温度：60～75 ℃。

②最佳食用时间：从菜品出锅至食用，以不超过5～8分钟为宜。

(7)适用范围

佐酒、佐饭、筵席均可。

(8)拓展菜肴

脆皮乳鸽、脆皮尾节、脆皮大肠、脆皮鸡翅等。

【想一想】

①简述粤菜系的风味特点是什么?

②在制作大良炒鲜奶过程中怎样才能保证菜肴的风味特点?

③脆皮鸡在选料上和油炸时应注意哪些问题?

④还可选用哪些原料制作盐焗类菜肴?

目标教学5.3 鲁式地方风味菜肴

1)鲁菜的形成

鲁菜，又名山东菜、齐鲁菜，是中国四大菜系之一。其历史悠久，辐射面广；选料广泛，务本崇源；传统正宗，水准卓越；精于火候，善和五味；菜肴大方，不走偏锋；清脆鲜嫩，格调高雅；汤品特别，海鲜尤多；筵席丰盛，尤重食礼。鲁菜系属宫廷文化，雄壮风格，选料突出“广博”，烹调技法多运用爆、炒、烧、炸、熘、蒸、扒等，五味并举，成品菜肴面貌整体讲究“规格”，体现吉祥、富贵、豪华、排场。鲁菜的上述优势和特色，已被我国专家学者首肯，尤其是被烹饪界所推崇。长城内外，天山南北，白山黑水之间，都能发现鲁菜风味的痕迹，它是中国北方菜的代表。

鲁菜可分为济南风味菜、胶东风味菜、孔府菜和其他地区风味菜，并以济南菜为典型。包括德州、泰安在内的济南菜以汤著称，辅以爆、炒、烧、炸，菜肴以清、鲜、脆、嫩见长。胶东风味也称福山风味，包括烟台、青岛等胶东沿海地方风味菜，擅长爆、炸、扒、熘、蒸；口味以鲜夺人，偏于清淡；选料则多为明虾、海螺、鲍鱼、蛎黄、海带等海鲜。此外，胶东菜在花色冷拼的拼制和花色热菜的烹制中，独具特色。孔府菜做工精细，烹调技法全面，尤以烧、炒、煨、炸、扒见长，而且制作过程复杂。“美食不如美器”，孔府历来十分讲究盛器，银、铜等名质餐具具备。孔府菜的命名也极为讲究，寓意深远。

2)鲁菜的风味特点

(1)咸鲜为主，突出本味，擅用葱、姜、蒜，原汁原味

原料质地优良，以盐提鲜，以汤壮鲜，调味讲求咸鲜纯正。大葱为山东特产，多数菜肴要用葱、姜、蒜来增香提味，炒、熘、爆、扒、烧等方法都要用葱，尤其是葱烧类的菜肴，更是以拥有浓郁的葱香为佳，如葱烧海参、葱烧蹄筋。另外，喂馅、爆锅、凉拌都少不了葱、姜、蒜。山东沿海地区海鲜类量多质优，异腥味较轻，鲜活原料讲究原汁原味，如虾、蟹、贝、蛤，多用姜醋佐食。燕窝、鱼翅、海参、干鲍、鱼皮、鱼骨等高档原料，

质优味寡，必用高汤提鲜。

（2）以“爆”见长，注重火功

鲁菜的突出烹调方法为爆、扒、拔丝，尤其是爆、扒素为世人所称道。爆，分为油爆、盐爆、酱爆、芫爆、葱爆、汤爆、水爆、宫爆、爆炒等，充分体现了鲁菜在用火上的功夫。

（3）精于制汤，注重用汤

鲁菜以汤为百鲜之源，讲究“清汤”“奶汤 ”的调制，清浊分明，取其清鲜。清汤的制法，早在《齐民要术》中已有记载。用“清汤”和“奶汤”制作的菜品繁多，名菜就有“清汤柳叶燕窝”“清汤全家福”“汆芙蓉黄管”“ 奶汤蒲菜”“奶汤八宝布袋鸡”“汤爆双脆”等数十种之多，其中多被列为高档筵席的珍馔美味。

（4）烹制海鲜有独到之处

鲁菜对海珍品和小海味的烹制堪称一绝。山东的海产品，不论参、翅、燕、贝，还是鱼、蚧、虾、蟹，经当地厨师的妙手烹制，都可成为精鲜味美之佳肴。

（5）丰满实惠、风格大气

山东民风朴实，待客豪爽，在饮食上大盘大碗装盛，讲究丰盛实惠，注重质量，受孔子礼食思想的影响，讲究排场和饮食礼节。正规筵席有所谓的“十全十美席”“大件席”“鱼翅席”“翅鲍席”“海参席”“燕翅席”等，都能体现出鲁菜典雅、大气的一面。

3）传统风味菜肴

济南风味菜品有清汤燕窝、奶汤蒲菜、葱烧海参、糖醋鲤鱼、九转大肠、油爆双脆、锅烧肘子等；胶东风味代表菜品有油爆海螺、清蒸加吉鱼、扒原壳鲍鱼、靠大虾、炸蛎黄等；孔府菜有诗礼银杏、一卵孵双凤、八仙过海闹罗汉、孔府一品锅、神仙鸭子、带子上朝、怀抱鲤、花篮鳜鱼、玉带虾仁、红扒鱼翅、白扒通天翅等。

菜例 5.3.1 糖醋鲤鱼

“糖醋黄河鲤鱼”是山东济南的传统名菜。济南北临黄河，故烹饪所采用的鲤鱼就是黄河鲤鱼。此鱼生长在黄河深水处，头尾金黄，全身鳞亮，肉质肥嫩，是宴会上的佳品。据说，“糖醋黄河鲤鱼”最早始于黄河重镇——洛口镇。这里的厨师喜用活鲤鱼制作此菜，并在附近地方有些名气，后来传到济南。厨师在制作时，先将鱼身剞上刀纹，外裹芡糊，下油炸后，头尾翘起，再用著名的洛口老醋加糖制成糖醋汁，浇在鱼身上。此菜香味扑鼻，外脆里嫩，且带点酸，不久便成为餐馆中的一道佳肴。

（1）成菜标准要求

①感官要求：色泽金黄。

②质感：外脆里嫩。

③气味及口味：香酥，酸、甜、咸适口，糖醋味。

④形态：花刀形整鱼。

（2）器具准备

①盛装器皿：40 cm鱼盘。

②炉灶：燃油或燃气炒菜灶。

③炊具：炒勺、双耳炒锅。

（3）原料

①主料：鲤鱼700 g。

②辅料：清汤150 g，湿淀粉60 g，花生油1 kg（约耗100 g）。

③调料：姜10 g，葱15 g，蒜末10 g，精盐4 g，酱油10 g，白糖75 g，醋40 g。

（4）操作步骤

①鲤鱼去鳞，开膛取出内脏，挖去两鳃用水冲洗干净，在鱼身的两面每隔 2.5 cm先直剞（1.5 cm深），再斜剞（2 cm深）成翻刀（直刀剞至鱼骨时向前推剖，在根部划一个刀口，使鱼能翻起）。然后提起鱼尾使刀口张开，将绍酒、精盐 1.5 g撒入刀口处稍腌。

②取一只碗，用清汤、酱油、料酒、醋、白糖、盐、湿淀粉兑成芡汁。

③再在鱼的周身刀口处均匀地撒上一层湿淀粉，手提鱼尾放在七成热的油锅中炸制待外皮挺住后，移微火浸炸 3分钟。再在旺火上炸到鱼身全部金黄色时，捞出摆放在盘中，然后用手垫净布，将鱼捏松。

④锅内注入油，烧热后放入葱、姜、蒜，炸出香味后倒入兑好的芡汁，用旺火炒制，鼓起泡时再用炸鱼的沸油冲入汁内。加以略炒后，迅速浇到鱼身上即成。

（5）操作要领

①鱼身两面的刀口要对称，每片的深度、大小要基本相同。

②为达到外脆里嫩的目的，就必须采取旺火热油→微火温油→大火冲炸的方法。

③糖醋汁要炒成活汁，就必须在芡汁炒熟后冲入沸油，使之达到“吱吱”有声的目的。

④要掌握好糖、醋、盐的比例来兑糖醋汁。

（6）食用建议

①最佳食用温度：65 ~ 80 ℃。

②最佳食用时间：从菜品出锅至食用，以不超过2分钟为宜。

（7）适用范围

佐酒、佐饭、筵席均可。

（8）拓展菜肴

糖醋鱼条、糖醋草鱼、糖醋里脊、糖醋鱼块、糖醋排骨等。

菜例 5.3.2　九转大肠

此菜是清朝光绪初年，济南九华林酒楼店主首创，开始名为“红烧大肠”。后经过多次改进，红烧大肠味道进一步提高，许多著名人士在该店设宴时均备“红烧大肠”一菜。一些文人雅士食后，感到此菜确实与众不同，别有滋味，为取悦店家喜“九”之癖，也为称赞厨师制作此菜像道家“九炼金丹”一样精工细作，便将其更名为“九转大肠”。

（1）成菜标准要求

①感官要求：色泽红润。

②质感：质地软烂。

③气味及口味：甜、酸、香、辣、咸五味俱全，满口鲜香。

④形态：肥肠呈中空的块段状。

（2）器具准备

①盛装器皿：40 cm圆盘。

②炉灶：燃油或燃气炒菜灶。

③炊具：炒勺、双耳炒锅。

（3）原料

①主料：猪大肠3条，约750 g。

②辅料：香菜末1.5 g，葱末、蒜末各5 g，姜末2.5 g。

③调料/腌料：绍酒10 g，酱油25 g，白糖100 g，醋54 g，熟猪油500 g（约耗75 g），花椒油15 g，清汤、精盐、胡椒面、肉桂面、砂仁面各少许。

（4）操作步骤

①将肥肠洗净煮熟，细尾切去不用，切成2.5 cm长的段，放入沸水中煮透捞出控干水分。

②炒锅内注入油，待七成热时，下入大肠炸至金红色时捞出。

③炒锅内倒入香油烧热，放入30 g白糖用微火炒至深红色，把熟肥肠倒入锅中，颠转锅，使之上色。

④再烹入料酒，葱、姜、蒜末炒出香味后，下入清汤250 g、酱油、白糖、醋、盐、味精、汤汁开起后，再移至微火上煨。

⑤待汤汁收至1/4 处时，放入胡椒粉、肉桂面、砂仁面。继续煨至汤干汁浓时，颠转勺使汁均匀地裹在大肠上，淋上鸡油，拖入盘中，撒上香菜末即成。

（5）操作要领

①肥肠用套洗的方法，里外翻洗几遍去掉粪便杂物，放入盘内，撒点盐、醋揉搓，除去黏液，再用清水将大肠里外冲洗干净。

②将洗干净的肥肠先放入凉水锅中慢慢加热，开后10 分钟换水再煮，以便除去腥臊味。

③煮肥肠时要宽水上火，开锅后改用微火。发现有鼓包处用筷子扎眼放气，煮时可加姜、葱、花椒，除去腥臊味。

④制作时要一焯、二煮、三炸、四烧。

（6）食用建议

①最佳食用温度：65 ~ 75 ℃。

②最佳食用时间：从菜品出锅至食用，以不超过10分钟为宜。

（7）适用范围

佐酒、佐饭、筵席均可。

（8）拓展菜肴

红烧肉、红烧鱼、红烧肚块、红烧蹄髈、红烧牛肉等。

菜例 5.3.3 炸蛎黄

蛎黄即牡蛎。炸蛎黄的做法简单，是青岛饭店菜谱里的常见菜。炸蛎黄属于咸鲜口味，做法属炸类，菜品色泽金黄、外焦里嫩、营养丰富、健脾开胃，对预防骨质疏松非常有好处。

（1）成菜标准要求

①感官要求：色泽金黄。

②质感：外焦酥，肉鲜嫩。

③气味及口味：皮酥芳香、肉嫩多汁，咸鲜可口。

④形态：蛎黄呈长条形。

（2）器具准备

①盛装器皿：40 cm腰形盘。

②炉灶：燃油或燃气炒菜灶。

③炊具：炒勺、双耳炒锅。

（3）原料

①主料：牡蛎（鲜）500 g。

②辅料：小麦面粉150 g。

③调料：盐3 g，熟猪油750 g（实耗75 g），花椒盐5 g。

（4）操作步骤

①蛎黄拣去杂质，用清水洗净，沥干水，撒上盐稍腌渍入味，放入面粉中沾匀。

②炒锅内放入熟油，中火烧至七成热，把已沾上面粉的蛎黄放进油内炸约1分钟，待外皮已成黄色时，立即捞出。

③待油升至九成热时，再将蛎黄入油稍炸，盛入盘内。

④上桌时外带花椒盐。

（5）操作要领

①蛎黄加盐腌渍，入冰箱保鲜室冷冻一会儿后再炸，质味皆佳。

②炸蛎黄必须重油，颜色金黄，外焦里嫩。

（6）食用建议

①最佳食用温度：60 ~ 75 ℃。

②最佳食用时间：从菜品出锅至食用，以不超过5分钟为宜。

（7）适用范围

佐酒、佐饭、筵席均可。

（8）拓展菜肴

干炸丸子、脆皮炸鲜奶、炸鲜贝串、干炸里脊等。

菜例 5.3.4　奶汤蒲菜

蒲菜是济南大明湖的特产之一，“奶汤蒲菜”也是鲁菜中著名的特色风味菜之一。用奶汤和蒲菜烹制成的“奶汤蒲菜”，早在明清时期便极有名气，至今盛名犹存。汤呈乳白色，蒲菜脆嫩鲜香，入口清淡味美，是高档筵席之上乘汤菜，素有“济南汤菜之冠”的美誉，又历来被人们誉为“济南第一汤菜”。

（1）成菜标准要求

①感官要求：色泽乳白清雅。

②质感：菜质脆嫩。

③气味及口味：汤鲜味醇。

④形态：主、辅原料呈片状。

（2）器具准备

①盛装器皿：40 cm汤盆。

②炉灶：燃油或燃气炒菜灶。

③炊具：炒勺、双耳炒锅。

（3）原料

①主料：蒲菜250 g，奶汤750 g。

②辅料：水发冬菇12朵，水发玉兰片25 g，熟火腿25 g。

③调料：料酒2茶匙，姜汁少许，葱椒绍酒 25 g，味精 2 g，精盐 3 g，葱油 50 g。

（4）操作步骤

①将蒲菜剥去老皮，切成3 cm长的段。冬菇、玉兰片切成小片，放入滚水中烫过，捞出滤干水。火腿切成象眼片。葱切成段。

②烧热锅，下油，爆香葱，放入奶汤、蒲菜、冬菇、玉兰片、盐、姜汁、料酒煮滚，撇去浮沫，盛入汤碗中，撒上火腿片即可。

（5）操作要领

①蒲菜在使用前应用清水浸泡 3～4小时，焯水时，水要沸、宽，一焯即捞出。

②奶汤色要白，汤汁要浓。

③葱椒绍酒不宜加得过多，以免影响菜肴的汤色。

（6）食用建议

①最佳食用温度：60～75 ℃。

②最佳食用时间：从菜品出锅至食用，以不超过10分钟为宜。

（7）适用范围

佐酒、佐饭、筵席均可。

（8）拓展菜肴

奶汤鱼翅、奶汤鳜鱼、奶汤鱼肚、萝卜丝炖鲫鱼等。

菜例 5.3.5　油爆双脆

“油爆双脆”是山东历史悠久的传统名菜。相传此菜始于清代中期，为了满足当地达官贵人的需要，山东济南地区的厨师以猪肚尖和鸡胗片为原料，经刀工精心操作，沸油爆炒，使原来必须久煮的肚头和胗片快速成熟，口感脆嫩滑润、清鲜爽口。该菜问世不久，就闻名于市，原名“爆双片”，后来顾客称赞此菜又脆又嫩，所以改名为“油爆双脆”。到清代中末期，此菜传至北京、东北和江苏等地，成为中外闻名的山东名菜。

（1）成菜标准要求

①感官要求：成型美观，色泽自然。

②质感：脆嫩滑润。

③气味及口味：咸鲜味浓，清鲜爽口。

④形态：主料呈剞花刀块状。

（2）器具准备

①盛装器皿：30 cm圆盘。

②炉灶：燃油或燃气炒菜灶。

③炊具：炒勺、双耳炒锅。

（3）原料

①主料：猪肚头200 g，鸡胗150 g。

②辅料：葱末10 g，姜末5 g，蒜末5 g，熟猪油500 g，湿淀粉25 g，清汤50 g。

③调料：绍酒5 g，精盐1.4 g，味精1 g。

（4）操作步骤

①将肚头剥去脂皮、硬筋，洗净。用刀剞上网状花刀，放入碗内，加盐、湿淀粉拌匀。鸡胗洗净，批去内外筋皮，用刀剞上间隔2 mm的十字花刀。放入另一只碗内，加盐、湿淀粉拌匀。

②取一只小碗，加清汤、绍酒、味精、精盐、湿淀粉，兑芡汁待用。

③炒锅上旺火，放油，烧至八成热，放入肚头、鸡胗，用筷子迅速划散，倒入漏勺沥油。

④留少许油，下葱、姜、蒜末煸香，倒入鸡胗和肚头，并下芡汁，颠翻两下即可。

（5）操作要领

①必须将鸡胗和猪肚头洗刷干净，去除异味。

②掌握火候要恰当，要旺火热油爆炒，一般在八成油温时下锅，至鸡胗片由红转白、肚头挺起断生即捞起，吃火过长便老而不脆。

（6）食用建议

①最佳食用温度：60～75 ℃。

②最佳食用时间：从菜品出锅至食用，以不超过10分钟为宜。

（7）适用范围

下酒、佐饭、筵席均可。

（8）拓展菜肴

油爆腰花，油爆乌鱼花，油爆肚条，油爆鸡胗等。

【想一想】

①简述鲁菜的风味特点。

②糖醋鲤鱼的成菜质感要求是什么？如何制作才能达到质感要求？

③制作九转大肠时如何去除腥臊味？

④如何使油爆双脆脆嫩滑润而不夹生？

目标教学5.4　淮式地方风味菜肴

1）淮扬菜的形成

淮扬菜也称扬州菜，是由扬州、镇江、淮阴、淮安等沿线一带的菜组成。扬州自古就是“东南一隅”的重要都会，在历史上一直是我国商业文化中心，在这繁华的都市里，也带来了各地烹饪技艺的交融与发展，逐步形成了南北适宜的风味特色。其中淮安的鳝鱼席，扬州的“三头”（清炖蟹粉狮子头、扒烧整猪头、拆烩鲢鱼头），镇江的“三鱼”

（刀鱼、江团、鲥鱼）等菜肴脍炙人口。淮扬菜因形成较早，与鲁、粤、川菜同被誉为我国四大风味菜系，在国内外享有很高声誉。

2）淮扬菜的风味特点

（1）选料严谨，刀工精细，注重配色，讲究造型，菜肴四季有别

淮扬菜以水鲜为主，选料严谨，制作精细，刀法多变，或细切粗斩、先片后丝，或脱骨浑制，或雕镂剔透，显示刀艺精湛。菜肴注重配色，讲究造型，风格雅丽，形质兼美。此外，还讲究时令，“过时不食”，四季不断有新品时令肴馔应市。

（2）烹法多样，重视调汤，保持原汁，口味清鲜，咸中稍甜

淮扬菜擅长炖、焖、蒸、烧、炒的烹调方法，此外，“金陵三叉”叉烤技法为其所长，调汤为其一绝，注重用原汤原味，例如著名的扬州“三吊汤”。淮扬菜重视火候，讲究刀功，其炖焖菜肴讲究原汁原味，注重突出菜肴本身的鲜美滋味，风味清鲜和醇，酥烂脱骨不失其形，滑嫩爽脆益显其味。

（3）菜式搭配合理，精制特色筵席

淮扬菜式组合层次搭配合理，擅长精制筵席。例如，船宴，苏锡太湖、金陵秦淮河的船宴各具特色；再如素席，盛于南朝梁武帝，历代相沿不衰；还有全席，如玄武湖的全鱼席、南京的全鸭席、淮安的鳝鱼席、徐州的全狗席等。

3）淮扬菜的传统风味菜肴

淮扬菜的传统风味菜肴有糖醋鳜鱼、金陵片皮鸭、蟹粉狮子头、水煮干丝、扒烧整猪头、拆烩鲢鱼头、梁溪脆鳝、彭城鱼丸、霸王别姬、太湖三宝、清水大闸蟹、清蒸鲫鱼、洪泽湖龙虾、淮安蒲菜、太湖莼菜等。

菜例 5.4.1　清炖蟹粉狮子头

清炖蟹粉狮子头是久负盛名的镇扬传统名菜。相传，此菜始于隋朝。当时，隋炀帝到扬州观琼花以后，特别对扬州万松山、金钱墩、象牙林、葵花岗四大名景十分留恋。回到行宫后，吩咐御厨以上述四景为题，制作4个名菜。经御厨努力，做出了“金（钱）钱虾饼”“松鼠鳜鱼”“象牙鸭条”和“葵花献肉”4道菜，隋炀帝品尝后赞赏不已，于是赐宴群臣，这样4菜便传遍江南，成为佳肴。而葵花献肉形如雄狮之头，便称之为“狮子头”，流传镇江、扬州地区，成为著名的镇扬名菜。清炖蟹粉狮子采用炖的烹调方法烹制，菜肴成品具有鲜香味美、肥嫩可口，青菜心肉味香醇、酥烂油腻的风味特点。

（1）成菜标准要求

①感官要求：汤汁清鲜，肉丸油亮。

②质感：肉肥而不腻，汤汁鲜醇。

③气味及口味：蟹粉鲜香，汤汁醇香，口味鲜甜。

④形态：形似狮子头。

（2）器具准备

①盛装器皿：30 cm砂锅。

②炉灶：燃油或燃气炒菜灶。

③炊具：炒勺、双耳炒锅。

（3）原料

①主料：猪五花肉（肥瘦比例为7∶3）800 g。

②辅料：蟹黄50 g，蟹肉100 g，青菜500 g，虾籽3 g。

③调料：盐10 g，姜汁水150 g，料酒100 g，淀粉25 g，猪油50 g，鲜汤500 g。

（4）操作步骤

①将猪肉洗净，切成如石榴粒大小的肉丁，再稍稍排剁几下，放入容器内，加葱汁水、盐、料酒、蟹肉、虾籽、淀粉等，用力搅拌均匀上劲，即成肉馅料。

②将青菜心洗净，将菜头切成十字刀纹，切去菜叶后备用。

③将炒锅烧热，加入猪油40 g，烧至六成热，放入青菜心略炒。见菜色转为翠绿时，放入余下的虾籽、盐和适量的鲜汤，烧开后离火。

④取砂锅一个，用猪油10 g抹匀锅底，将青菜心排放入内，倒入适量肉汤，架在火上烧开。将搅拌上劲的肉馅料均匀分成若干份，逐份放入手掌中，用双手团成光滑的大肉丸，然后将蟹黄分别嵌在肉丸上。将肉丸放入砂锅内，上面盖青菜叶，再盖上锅盖，旺火烧开后，改用小火炖2个小时左右即成。食用时，连锅上桌。

（5）操作要领

①要选用新鲜的猪五花肉，肉应切成丁，且肥瘦比例要恰当。

②烹制时中途不能加汤水，以保证菜肴原汁原味。

③生坯下锅时，水要保持微沸才不易散碎。

④注意掌握火候，汤滚后不能猛火，改用慢火，汤以起菊花心为佳。

（6）食用建议

①最佳食用温度：60～70 ℃。

②最佳食用时间：从菜品出锅至食用，以不超过10分钟为宜。

（7）适用范围

佐酒、佐饭、筵席均可。

（8）拓展菜肴

天麻枸杞炖肉丸、人参准山炖肉丸、竹笙瑶柱煲鲜肉、田七党参炖羊肉等。

菜例 5.4.2 大煮干丝

大煮干丝又称鸡汁煮干丝。相传，清代乾隆皇帝六下江南，扬州地方官员曾呈上“九丝汤”以“宠媚乾隆”。现今的大煮干丝，是由“九丝汤”演变而来，是淮扬菜系中的看家菜，不仅誉满全国，而且被国外来宾誉之为“东亚名肴”。煮干丝顾名思义是用煮的烹调方法制作，菜肴成品具有干丝细如棉线、清香绵软、色泽鲜艳、鲜嫩味透、无豆腥气味的风味特点。

（1）成菜标准要求

①感官要求：汤汁浓稠发白，色泽鲜艳。

②质感：清香绵软，味透。

③气味及口味：清香绵软，鲜嫩味透。

④形态：豆腐干如棉线。

（2）器具准备

①盛装器皿：30 cm鲍鱼盘。

②炉灶：燃油或燃气炒菜灶。

③炊具：炒勺、双耳炒锅。

（3）原料

①主料：豆腐干500 g。

②辅料：冬笋30 g，熟鸡丝50 g，虾仁50 g，姜丝20 g，豌豆苗10 g，熟鸡丝50 g，熟鸡肫肝片50 g，虾籽3 g，熟火腿丝10 g。

③调料：盐5 g，鸡汤500 g，料酒10 g，干淀粉5 g，熟猪油150 g，酱油10 g。

（4）操作步骤

①将豆腐干先劈成薄片，再切成细丝，放入沸水中浸烫，沥去水。再用沸水浸烫二次，捞出沥水。

②锅置火上，舀入熟猪油，放入虾仁炒至乳白色时，倒入碗中。

③炒锅烧热，加入鸡汤，放干丝入锅中。再将熟鸡丝、熟鸡肫肝片、笋放入锅内一边，加虾仁、熟猪油，置旺火烧15分钟，使干丝吸足鲜味。汤浓厚时，加料酒、酱油、精盐转至小火烩煮10分钟。将干丝连汤倒在碗中，上盖熟鸡丝、熟鸡肫肝片、冬笋片，撒上火腿丝、虾仁，豌豆苗放在干丝四周即成。

（5）操作要领

①烫煮干丝时，需用筷条拨散，防止原料断碎和成团。

②煮制时不宜多搅动，否则原料易碎，影响菜肴美观。

③掌握好火候和煮制时间，原料不易久煮，防止结团。

（6）食用建议

①最佳食用温度：60～65℃。

②最佳食用时间：从菜品出锅至食用，以不超过10分钟为宜。

（7）适用范围

佐酒、佐饭、筵席均可。

（8）拓展菜肴

虾米煮粉丝、三鲜煮皮松、火腿煮干笋丝、火鸭丝煮腐竹等。

菜例 5.4.3　炝虎尾

“炝虎尾”是扬州、淮阴地区的一道传统名菜。它是取用鳝鱼尾背一段净肉，经开水余熟加浓汁调味拌制。因其形似“虎尾”，故称“炝虎尾”。它是用熟炝的烹调方法制作，菜肴成品具有蒜香浓郁，鳝肉细腻滑嫩、肥润爽口的风味特点。

（1）成菜标准要求

①感官要求：鳝鱼形似“虎尾”。

②质感：鳝肉肥润爽口。

③气味及口味：菜肴蒜香浓郁，口味咸鲜适口。

④形态：鳝肉呈长条形。

（2）器具准备

①盛装器皿：30 cm圆盘。

②炉灶：燃油或燃气炒菜灶。

③炊具：炒勺、双耳炒锅。

（3）原料

①主料：活鳝鱼500 g。

②辅料：蒜泥30 g，葱段25 g，姜块10 g。

③调料：盐3 g，酱油15 g，醋50 g，味精3 g，料酒10 g，胡椒粉2 g，花椒10粒，熟猪油100 g，鲜汤150 g。

（4）操作步骤

①炒锅加入清水、盐、醋、葱段、姜块等，用旺火烧开。将活鳝鱼投入锅内，盖严，烫至鳝鱼肉质刚熟，捞起投入冷水中浸泡。当鳝体变为温热时，即用竹刀片拆骨，只取长15 cm的鳝尾待用。

②将酱油、盐、味精和鲜汤搅匀，调成金黄色的味汁。

③炒锅加入清水，用旺火烧开，将“虎尾”汆1～2分钟，捞出滤干水分，放入大盘内，浇上调制好的味汁。

④再将炒锅烧热，放入熟猪油，油温升至六七成热时放入蒜泥和花椒，炒出香味，起锅，倒入盘内的“虎尾”面上，撒上胡椒粉即成。

（5）操作要领

①鳝肉焯水和煮制时间不能长，以保持鳝肉的鲜嫩。

②要趁油热下蒜泥，以散发出蒜香味。

（6）食用建议

①最佳食用温度：60～70 ℃。

②最佳食用时间：从菜品出锅至食用，以不超过10分钟为宜。

（7）适用范围

佐酒、佐饭、筵席均可。

（8）拓展菜肴

炝冬笋、炝青螺、姜葱炝腰片、炝鲜虾、虾米炝芹菜等。

菜例 5.4.4　醋熘鳜鱼

醋熘鳜鱼是一道以鳜鱼和韭黄为原料而制成的酸甜口味的淮扬名菜，由古代名菜“全鱼炙”发展而来。相传，乾隆皇帝多次下江南，有一次驾临松鹤楼，偶见案桌上满身斑点的鳜鱼活蹦乱跳，即起欲食之念。掌厨在“炙鱼”烹饪的基础上，加以改进，乾隆食后赞不绝口。此菜用脆熘的烹调方法制作，菜肴成品具有鱼皮酥脆、鱼肉松嫩，色泽酱红、酸甜可口的风味特点。

（1）成菜标准要求

①感官要求：色泽酱红。

②质感：鱼皮酥脆，鱼肉松嫩。

③气味及口味：酸甜香浓。

④形态：鱼形完整。

（2）器具准备

①盛装器皿：40 cm鱼盘。

②炉灶：燃油或燃气炒菜灶。

③炊具：炒勺、双耳炒锅。

（3）原料

①主料：鲜活鳜鱼1条，约750 g。

②辅料：韭黄段60 g，姜末10 g，葱末10 g，蒜泥10 g。

③调料：盐2 g，白糖250 g，醋125 g，老抽5 g，料酒25 g，淀粉200 g，芝麻油25 g，精炼油2.5 kg（约耗250 g）。

（4）操作步骤

①将鱼宰杀、清洗干净，用刀在鱼身两面剞牡丹花纹。再用刀将鱼身两面轻拍一下，使鱼肉发松。

②炒锅烧热，加入精炼油。烧至八成油温时，将鱼裹上淀粉糊，一手抓鱼头，一手抓鱼尾，轻轻提起放入油锅内，炸至断生时捞起。待油降至七成热时，再放入炸透捞起，稍晾再放入八成热油酥透。

③炒锅烧热，加入精炼油，将姜末、葱末、蒜泥炒香，加清水、盐、白糖、醋、老抽、料酒、芝麻油调成糖醋汁。

④炒锅加油烧热，倒入糖醋汁和韭黄段。勾芡烧至大沸时，随即趁热将糖醋汁浇在鱼身上，便发出“吱吱”的响声。再用筷子将鱼拆松，使卤汁充分地渗透到鱼内部即成。

（5）操作要领

①鱼在挂糊时要均匀饱满，使花纹明显。

②炸时要掌握好火候、油温，鱼要炸酥脆。

③制汁要胆大、心细，动作迅速、敏捷。

（6）食用建议

①最佳食用温度：60～75℃。

②最佳食用时间：从菜品出锅至食用，以不超过10分钟为宜。

（7）适用范围

佐酒、佐饭、筵席均可。

（8）拓展菜肴

醋熘鲤鱼、醋熘排骨、醋熘蓑衣蛋、松鼠全鱼、菊花全鱼等。

菜例 5.4.5　拆烩鲢鱼头

拆烩鲢鱼头是淮扬地区一道很有特色的菜肴。相传，清朝末年，镇江城里有一个姓未的财主。他老婆过生日，厨师买了一条10 kg重的大鲢鱼，鱼身做了菜，鱼头没用处，财主觉得弃之可惜，便命厨师将鱼头骨去掉，把鱼肉烧成菜。厨师出于好奇，制作了此菜，品尝后，感到鱼肉肥嫩，味道鲜美，很有特色。不久，便成了誉满淮扬地区的名菜。拆烩鲢鱼头以鲢鱼头为主要材料，用白烩的烹调方法制作，菜肴成品具有鱼皮糯黏腻滑、鱼肉肥嫩、汤汁稠浓、味道鲜美、营养丰富的特点。

（1）成菜标准要求

①感官要求：汤汁乳白。

②质感：鱼皮糯黏腻滑，鱼肉肥嫩。

③气味及口味：汤汁浓香，味道鲜美。

④形态：鱼头完整。

（2）器具准备

①盛装器皿：40 cm圆形盘。

②炉灶：燃油或燃气炒菜灶。

③炊具：炒勺、双耳炒锅。

（3）原料

①主料：鲢鱼头约2 500 g。

②辅料：菜心200 g，熟笋片50 g，水发香菇50 g，熟火腿10 g，虾籽3 g，葱结25 g，姜块50 g。

③调料：盐4 g，白糖2 g，胡椒粉1 g，料酒100 g，白醋25 g，味精1 g，淀粉15 g，熟猪油100 g，鸡汤400 g。

（4）操作步骤

①将鱼头（鲢鱼头）劈成两片，去鳃洗净，放锅内加清水淹没鱼头。置旺火上烧至鱼肉离骨时，捞起拆去骨。

②炒锅置中火上烧热，舀入熟猪油。烧至四成热时，放入菜心，用手勺推动，至菜色翠绿时，放入葱段、姜片、虾籽、料酒、鸡汤置旺火上烧沸。拣去葱、姜，再放入笋片、香菇片、鱼头肉，盖上锅盖，烧10 分钟左右。

③加入菜心，调味（精盐、白糖、味精）。烧沸后，用水淀粉勾芡，淋入白醋、熟猪油翻炒均匀，起锅装盘，撒上胡椒粉，上放火腿片即成。

（5）操作要领

①鱼头宜用小火烧透，不能煮过头，拆鱼骨时应力求保持鱼头形状完整，烩制时也应小心处理。

②在烩制时，配料要后放，以保持色泽鲜艳。

（6）食用建议

①最佳食用温度：60 ~ 75 ℃。

②最佳食用时间：从菜品出锅至食用，以不超过10分钟为宜。

（7）适用范围

佐酒、佐饭、筵席均可。

（8）拓展菜肴

掌上明珠、三鲜鱼捶、豆腐饺子、烩鸭四宝、萝卜球烩酥腰等。

【想一想】

①制作蟹粉狮子头为什么要选用猪五花肋条肉？能否用其他原料替代？
②批切豆腐干丝时应注意哪些问题？切好的干丝为何要用沸水烫制？
③炝虎尾是用活鳝鱼取脊背肉制成的，在选料和烫制鳝肉时应掌握哪些要领？
④“糖醋汁”的调制过程对醋熘鳜鱼菜肴风味特色的形成起何作用？
⑤鲢鱼头土腥味较重，在拆烩过程中，应采取哪些措施才能保证此道菜的特色？

项目 6

中餐装盘技艺

【教学目标】

★懂得装盘技艺在菜肴制作中重要性和作用。

★熟悉装盘的要求。

【延伸学习】

★烹饪美术学科的学习。

★摄影技术的了解。

目标教学6.1 装盘基本知识

1）装盘的意义

装盘就是把烹制好的菜肴装入盛器的过程，是菜肴制作的最后一道工序，是非常重要的一个环节，也是烹调技艺的基本功之一，还是一项具有一定技术和艺术要求的重要操作工序。合理的装盘是美味佳肴与盛器的巧妙结合，不但能使食客大饱口福，而且能使人在享受美味的同时领略到烹饪艺术之美及独特的饮食文化特色，使菜品的感官质量达到最佳境界。

2）装盘的基本要求

注意清洁，讲究卫生。

菜肴经过烹调，已经消毒杀菌。装盘时应严防细菌或灰尘沾染菜肴。切记做到以下几点。

①装盘前必须将盛器进行消毒。

②转盘时操作人员应注意保持双手的清洁。

③装盘时锅底不可靠近盘边，应使锅与盘保持一定的距离。此举防止锅底上的烟灰、

油污落入盘中，影响清洁卫生。

④菜肴应装在盘的正中位置。不可把汤汁溅在盘的四周，如汤汁溅在盘沿，需用清洁的毛巾擦净。

⑤汤菜不宜装得过满，以防端菜时手触到汤汁。

⑥需要改刀装盘的菜肴，应有专人专用刀具、菜墩完成。

3）菜肴装盘要丰润饱满，突出重点

装盘时要使盘中菜肴丰满而有韵律。菜肴的主料应装在显著的位置，使主料突出、醒目。辅料只起衬托的作用，切不可掩盖主料。例如，银芽熘鸡丝，主料是鸡丝、豆芽和红椒丝只能在里面起点缀作用。在配菜或创新菜时一定要注意用色彩的理论去激发人们的食欲。另外，没有辅料只有主料的菜肴，在装盘时，也要注意突出主题。要运用装盘的技巧增加菜肴丰润饱满之感，如清炒虾仁，就要注意把大的整形的虾仁放在显眼位置。

4）菜肴的形与色和谐美观

装盘应注意菜肴形与色的搭配，运用各种装盘技术，把菜肴堆摆成各种适当的形状，使主、辅料密切配合，力求整齐美观、色彩鲜艳。例如，芙蓉鱼片菜，雪白的鱼片配上火腿片、翠绿菜心、黑色的香菇片，使菜的色泽在红、绿、白、黑相互衬托下，主、辅料形态上很和谐，色彩上更加鲜艳、协调。

5）装盘的动作敏捷、协调

装盘的动作要准确熟练，一次到位，尽量缩短装盘的时间。否则菜肴的色、香、味、形都要发生变化，影响菜肴的质量。

6）菜肴分装要均匀

成菜分装装盘的时候，应做到心中有数，要使分量基本相等并一次性完成。如果重新分装，势必会破坏菜肴的形态和质量。

【想一想】

装盘时有哪些基本要求？

目标教学6.2 盛器的种类及菜肴与盛器的配合原则

1）盛器的种类

菜肴在装盘时所用的盛器样式很多，尺寸大小不一、形状各异。特别是随着生产工艺水平的提高，餐具生产业的发展也很快，不断有新型的餐具出现。

盛器主要有以下3种类型：

（1）单色盘

单色盘指的是色彩单一，无明显图案的瓷盘，如白色盘、蓝色盘、红色盘、透明盘以及磨砂玻璃盘等。这类餐具在餐桌上烘托菜肴的功能突出，有较强的感染力。如果选择的餐盘与菜品的色泽构成色彩的对比，则更显得艳丽悦目。例如，用蓝色盘盛装“银芽鸡丝”，用红色盘盛装“西柠煎软鸡”。

（2）几何形纹盘

这类盘以圆形、椭圆形、多边形为主，盘中的装饰纹样多沿盘器四周均匀、对称地展开，具有强烈的稳定感，有一种特殊的曲线美、节奏美和对称美。选用这类器皿的关键是要紧扣“环形图案”这一特点，可依据菜品来选择餐具，也可因餐具设计菜品。使菜肴与盘饰的形式、色彩浑然一体，巧妙自然，在统一中又富有变化。

（3）象形盘

这类盛器是在模仿自然物的基础上设计而成的，以仿植物形、动物形、器物形为主，一般有树叶形、花朵形、鱼形、螃蟹形、贝壳形、孔雀形等。质地上则除了采用瓷器、玻璃外，还采用木质、竹质、藤质甚至贝壳等天然材料，这些巧夺天工的餐具让筵席妙趣横生。

2）菜肴与盛器的配合原则

选用适当的器皿能为菜肴的形式美锦上添花，以烘托筵席气氛，使整个席面和谐悦目，增加人们对菜肴的喜爱。要做到菜品与器皿的巧妙搭配，应注意一下几项原则。

（1）盛器的大小与菜肴分量相适应

应根据菜肴的分量和形状，选择大小合适的盛器，这样能使两者相互匹配、和谐大方。装盘时还要注意菜肴不要装在盘边，应该在盘的中心圈内。装碗的菜肴只能占碗容积的80%～90%，汤汁不要盖住碗沿。

（2）菜肴的色彩与盛器的色调应相互协调

一份菜肴选用哪一种色彩的盛器盛装，是关系能否将菜肴显得更加高雅、悦目，衬托得更加鲜明、美观的关键。例如，“五色虾仁”装在白色的瓷盘内较好，如果装在一只红花边盘内就使其不协调了。又如“清炒虾仁”成菜，洁白如玉，点缀上几段绿色的小葱，显得清淡、文雅，如果配装在一浅蓝色花盘内，可达到鲜明、美观的状态。因此，菜肴色彩与盛器色彩之间遵循着在调和中求对比，在对比中求调和的美学原则。

（3）盛器与菜肴的形状相适应

盛器的种类繁多，形状规格不一，各有各的用途。在选用时必须根据菜肴的形态来选择相适应的盛具，不能乱用。例如，一些带汤汁的烩菜、烧菜装在汤钵等有一定深度的盛器较合适，而装在平坦的盘里，汤汁就易溢出，这样很不卫生，也不美观。糖醋脆皮鱼选用的盘子应该是条形的，而选用大圆盘则显得中间空隙较大，小圆盘又让鱼头和鱼尾会露在外面。

（4）菜肴的档次与盛器的质地要相称

“美食配美器”，盛具的品质好坏要与菜肴的品质，优劣相适应。例如，高档餐具（金器、银器）做工精细造型别致，色调、工艺考究，专门用于盛装高档菜品。一道制作精美的菜肴，如果用质量低劣的餐具，会降低菜肴的身价。反之，一道普通菜肴用贵重餐具盛装，又会产生不协调和华而不实的感觉。

（5）筵席中的盛具要配合得当

在一席菜肴中，除了盛具与菜肴应配合得体外，还应当注意盛具与盛具之间形状、高低、色调的配合。如果是高档筵席，应当选用适宜的整套盛具来盛装，以增加菜肴的特色。

【想一想】

盛具与菜肴的配合原则有哪些？

目标教学6.3 冷菜装盘技艺

1）冷菜装盘的定义

冷菜装盘就是把烹调成熟的冷菜原料经过不同的刀工处理，按不同造型要求装入盘中。

2）冷菜装盘的分类

①冷菜装盘从形式上分为单碟、拼盘、花色冷盘3种。

②冷菜装盘从形态上分类有宝塔形、桥形、一封书、和尚头、三叠水、扇面、风车形、一颗印形、品字形等。

③冷菜装盘从手法上分为随意式的装盘、工整式的装盘和造型式装盘3大类。

3）冷菜装盘的步骤

（1）垫底

这是指在装盘时把一些不规则、不整齐、零碎的熟料垫在盘底。

（2）盖边

盖边又称“围边”，是把较整齐的原料（熟料）摆放在垫底原料的四周及上面，应根据盘子的大小和围料的多少决定围边的道数，一般围2～3道为宜。

（3）装刀面

这是指把质量最好的、整齐美观的熟料加工好，铲至刀面上，再整齐、均匀地托放盖在盘中的垫底上面，把次料盖严，使整个盘面整齐、美观。

4）冷菜装盘六方法

（1）排

排是将熟料平排，有规律、有层次地排在盘中。排法的特点是易于变化、朴实大方。根据原料的具体规格等情况，可以采用多种不同的排法，排出很多花样，如“瓦块鱼”。

（2）堆

堆就是把熟料放在盘中堆砌成各种形状。堆法给人以内容充实、丰满的印象，多用于单碟。堆也可以配各种颜色堆成花形，如宝塔形、三角形等。

（3）叠

叠是把加工好的熟料，一片一片地叠成美观的造型，如桥形、梯形和高桩形等。叠的时候应该和刀工同时进行，随切随叠，切一片叠一片，叠好后铲在刀面上盖住已垫底或盖边的盘中。用于叠的原料一般都是韧性、坚性及软脆性居多，如牛肉、叉烧肉、熟鸡肉等。

（4）围

围是指将切好的熟料排列成环形并层层围绕，做成有层次和花纹的冷菜。通过围的手法，可以将冷盘做出很多的花样，有的在主料的周围围一圈配料，用配料衬托主料，叫围边；有的将主料一排一排地围成一个花朵状，中间配一点辅料点缀成花蕊，叫作排围。例如，将松花蛋切成瓜叶瓣，在盘中一圈一圈地围成菊花形。再在中间点缀一些红椒茸作为花蕊，就非常美观。

（5）摆

摆就是在装花色冷盘时，选用各种不同色彩、不同形状的熟料。运用各种各样刀法，切割成各种不同的形状，拼摆成各种图案的方法，如龙凤呈祥、孔雀开屏等形象。这需要厨师的经验和智慧，用巧妙的构思、灵活的手法，摆出生动、活泼、美丽、逼真的图像。

（6）翻

翻又称“扣”。它是在碗或其他盛具内先把冷碟装好，临走菜时，将盘子倒扣在碗口上，将碗内的菜肴反扣在盘中。

【想一想】

①冷菜装盘有哪几个步骤？

②冷菜装盘有几种手法？

③试述冷菜转盘手法的操作过程。

目标教学6.4　热菜装盘技艺

热菜装盘方法很多，应根据菜肴的形状、特点、芡汁的浓度、汤汁的多少灵活运用。装盘时采用不同的技法，最大限度地表现菜品的品质。一般说来，热菜的装盘常用的方法有以下几种：

1）摆入法

此法适用于无汁无芡的炸类菜肴或工艺菜。具体方法：从油锅中捞出菜肴，沥净油后直接将其装在盘中。装盘时可用筷子适当整理，使菜肴排放整齐或堆放饱满美观。例如，软炸口蘑和椒盐里脊肉的装盘。

2）拨入法

此法适用于炒、爆、熘等菜肴类型。具体方法如下。

①装盘前先翻锅。在锅中翻转菜肴，然后盛装。注意在堆放时要将形大且完整的主料放在最上面。

②用炒勺将菜肴刮拨入盘中。刮拨时可轮流交叉，左右各一下。让形小的垫底，大的盖面。使菜肴堆放饱满，呈“笋子形”。

3）倒入法

①一次倒入法。这种方法适合于质嫩易碎的芡汁稀薄的菜肴。具体方法：装盘时先翻锅，将菜肴簸转，使芡汁均匀地裹在原料上，然后一次性将菜肴倾倒入盘中。倒入时动作要干净快速，保持一定的斜度，一边快速倒入、一边将锅向左移动。同时，锅下沿要与盛器保持适当的距离，以免影响菜品的质量。

②分次倒入法。一般适用于主、辅料差别较大的菜肴。具体方法：装盘时将主料拨在锅的一边或舀在炒瓢中，先将辅料装入盛器，然后再倒入主料形成盖面，以突出主料，如水煮肉片。

4）拖入法

此法适用于烧、焖、煨等烹调方法烹制的大型或整形原料的装盘，特别适合于全鱼的装盘。具体方法如下：

①出锅前，先将锅轻轻颠簸一下，使锅内菜肴略加掀起，趁势将锅铲迅速地斜插入原料下面。

②将锅靠近盛器近处，倾斜锅身，用锅铲把菜肴连拖带倒地拖入盘中。同时，锅慢慢左移。锅与盛器的距离要适度，太近，易碎原料也会污染菜肴，如干烧鱼的盛装。

5）扣入法

此法一般适用于事先根据不同需要在碗中排列整齐或搭色而圆满的菜肴，也就是行业俗称的“定碗”，如烧白、粉蒸肉等。成菜装盘时要求表面整齐、光滑、丰满。具体方法如下。

①原料改刀后整齐而紧密地排列在碗中装好。

②排列码放原料时，菜肴正面应向着碗底。先排主料，后排辅料；先排质优个头大的，后排质量稍差点的。

③菜肴要排平。碗口不能太多，多则易散塌；也不能太少，少则不饱满，会下塌。

④排好后加热成菜，一般多用蒸法。成熟后反扣于盘中，将碗拿掉即可。

【想一想】

热菜装盘有哪些方法？写出每种方法的适用范围。

项目 7

筵席制作技艺

【教学目标】

★掌握筵席设计的方法。

★能设计1~2款筵席菜单。

【延伸学习】

★系统学习原料知识。

★摄影技术的了解。

目标教学7.1　筵席知识

7.1.1　筵席的概念及特征

1）筵席的概念

筵席，即通常所说的酒席。古人席地而坐，“筵”和“席”都是铺在地上的坐具，筵长、席短，铺在地上的叫“筵”，铺在“筵”上供人坐卧的叫“席”。《礼记·乐记》《史记·乐书》都曾记述古代“铺筵席，陈尊俎”的设筵情况。人们往往就饮食为设筵，且筵上有席，故称之为“筵席”。进餐中大家坐在筵席之上，酒食菜馔自然地置于筵席之间，这种形式，简言之即酒席。发展到后来，筵席就成了专指进行隆重、正规的宴饮活动。

从内容上看，筵席是人们精心编排和制作的整套食品，是茶、酒、菜、点、果等的艺术组合。从实质上看，筵席中的食品，还与欢聚目的、办宴规格、待客礼仪有内在联系。所以，筵席的定义可以这样归纳：它是人们为着某种社交目的的需要而隆重聚餐，并根据接待的规格和礼仪程序精心编排制作的整套菜品及其台面装饰。它既是菜品的组合艺术，又是礼仪的表现形式，还是公关社交的场用工具。

筵席与宴会词义相近又有区别。筵席强调的是内容，即筵席是具有一定规格质量的一

整套菜点，是菜品的艺术组合。无论哪类筵席，都是有酒有菜，有饭有点，有水果还有饮料。宴会更注重的是宴饮的形式和聚餐的氛围，其含义较广。它是根据社交需要而举行的宴饮聚会，是饮食、社交、娱乐相结合的一种高级宴饮形式。由于宴会必备筵席，筵席同时强调聚餐形式，两者性质功能相近，因而常常被合称为“筵席”或“筵宴”。此称谓既强调了筵席是由菜品所构成，又兼顾到宴会的功利性、规格化和社交礼仪。

2）筵席的特征

筵席是一种隆重聚餐形式，它与日常饮食和一般聚餐相比，具有以下3大特征：

（1）以酒为中心安排筵席肴馔

中国宴饮历史及历代经典、正史、野史、笔记、诗赋，多有古代筵席以酒为中心的记载和描述。中国有句俗语叫“无酒不成席”。由于酒可刺激食欲、助兴添欢，所以筵席自始至终都是在互相祝、劝酒中进行的。美酒佳肴，相辅相成，才能显得协调欢乐。因此，历来都注重“酒为席魂”“菜为酒设”的排菜法则。从筵席编排的程序来看，先上冷碟是劝酒，跟上热菜是佐酒，辅以甜食和蔬菜是解酒，配备汤品和果茶是醒酒，安排主食是压酒，随上蜜脯是化酒。考虑到饮酒时吃菜较多，故筵席菜的分量一般较大，调味一般偏淡，而且利于佐酒的松脆香酥的菜肴和汤羹占有较大的比重。至于饭点，常常是少而精。故凡是重大的祭祀、喜事和其他社会交往等饮食活动都离不开酒，没有酒就表达不了诚意；没有酒就显示不出隆重；没有酒就显得冷冷清清，毫无喜庆的气氛；没有酒就如同人缺少了灵魂，难以称其为真正意义的“筵席”。可见，酒水在筵席中起着何等重要的作用。

（2）注重席次安排，讲究进餐礼仪

中国筵席既是酒席、菜席，也是礼席、仪席。古人强调：“设宴待嘉宾，无礼不成席。”其注重礼仪由来已久，世代传承。筵席的进餐礼仪表现如下。

①注重宾客的“请”“迎”“送”。筵席无论是在家还是在酒楼举行，仍保留着许多礼节与仪式，如发送请柬，车马迎宾，门前恭候，问安致意，敬烟献茶，专人陪伴，入席彼此让座，斟酒杯盏高举，布菜“请”字当先，退席“谢”字出口等。

②注重筵席座次安排。多桌之席有首席桌，一桌之席有首席位。一般以长幼、辈分、职位来安排席位。即使不太讲究的筵席，也要将重要客人安排于面对正厅门的席位。首席的尊者没有入座前，其他人是不能入座的，这些都是古代沿袭下来的礼节。

③讲究敬酒之礼。敬酒之礼是筵席上最为常见的礼仪，一般是客人坐定后，主人必敬酒，客必起立承之，也有客人回敬之礼。

④讲究“上菜”“吃菜”。一般是主人必先殷勤让菜，客人才开始吃菜。每上一道大菜、主菜，先从首席客人开始依次让菜。上菜时根据菜品原材料的颜色、形状、口味、荤素、盛器、造型对称摆放，上整鸡、整鸭、整鱼时，应“鸡不献头、鸭不献掌、鱼不献脊”，表示待客恭敬。

总之，筵席安排都从尊重客人、爱护客人、方便客人出发，充分体现中华民族待客以礼的传统美德。筵席菜肴品种繁多，讲究搭配与出菜次序。

筵席菜肴在菜与菜的搭配上，注重冷热、荤素、咸甜、浓淡、酥软、干湿的调和。筵席菜点上席顺序也特别讲究，一般基本规则如下：先冷后热、先菜后点、先咸后甜、先炒后烧、先荤后素、先菜后汤；先清淡后肥厚、先优质后一般。有些地区的风味筵席又略有不同。这样使筵席气氛犹如一部乐章，抑、扬、顿、挫，显示出筵席菜品的组合艺术。

7.1.2 筵席的起源与演变

筵席起源于原始聚餐和祭祀等活动，经历了新石器时代的孕育萌芽时期，夏商周的初步形成时期，秦汉到唐宋的蓬勃发展时期，而在明清成熟、持续兴旺，然后进入现代繁荣创新时期。

1）筵席的孕育萌芽时期

中国筵席是在新石器时代生产初步发展的基础上，因习俗、礼仪和祭祀等活动的产生而由原始聚餐演变出现的。当时的人们认为食物是神灵所赐，祭祀神灵必须用食物，一是感恩，二是祈求神灵的消灾降福，获得更好的收成。祭祀仪式后往往有聚餐活动，共同享用作为祭品的丰盛食物。

人工酿酒出现后，这种原始的聚餐发生了质的转化，产生了筵席。

中国有文字记载的最早的筵席是虞舜时代的养老宴。《礼记·王制》："凡养老，有虞氏以燕礼。""燕礼则折俎而无饭也，其牲用狗。谓为燕者。燕，安也，其礼最轻，行一献礼毕而脱履升堂，坐以至醉也。""燕"即"宴"，这种养老宴是先祭祖，后围坐在一起，吃狗肉、饮米酒，较为简朴、随意。

2）筵席的初步形成时期

夏商周三代，筵席的规模有所扩大，名目逐渐增多，在礼仪、内容上有了详细规定，筵席进入初步形成时期。

夏启即位后曾在钧台（河南禹县北门外）举行盛大宴会，宴请各部落酋长；夏桀追逐四方珍奇之品，开筵席奢靡之风的先河。

殷商时期，筵席随祭祀的兴盛而进一步发展。

周朝由于生产发展，食物原料渐渐丰富，筵席名正言顺地为活人而设，筵席发展到国家政事及生活的各个方面，如朝会、朝聘、游猎、出兵、班师等。民间往来也有宴会，筵席名目很多。同时，周公制作礼乐，严格按等级确定筵席规模，筵席开始变得比较正规。

春秋时期，礼崩乐坏，士大夫也敢"味列九鼎"，席面限制不那么严格。这时，筑台宴乐的风气开始出现且注重场景的陈设，食品组合适宜且衔接自然，席面设计跃上新的台阶。

3）筵席的蓬勃发展时期

秦汉到唐宋时期是筵席蓬勃发展时期。

（1）秦汉到南北朝时期

秦汉至南北朝，筵席之风日益盛行，无论宫廷还是民间都有大摆筵席的习俗，筵席的规模和品种等继续增加。

进入秦汉，由于国力殷实，筵席在民间兴起，贵族之家则将酒宴摆在锦幕之中，由一人一桌演化为两三人同席。市场上有正规酒楼，由侍者斟酒布菜。菜单的编制上讲究选料精细、调配合理、重火候与风味、突出地方特色。

魏晋是多事之秋，上层筵席追求怪诞，成为好强斗富的手段，"文酒之风"盛行，西域肴馔被引进，对中国筵席的演变有深远影响。南北朝时，呈现4大特点：类似矮桌的条案改善了就餐环境与卫生条件；出现主旨鲜明的专用筵席；佛教盛行，孕育早期的素席；筵席与民俗逐步融合，酒礼习规更受重视。魏晋南北朝时，不仅有豪宴，也出现了典雅的宴会。

（2）隋、唐、两宋时期

隋朝只留下“云中宴”“湖上宴”“龙舟宴”等少数席单。

唐及五代，筵席进入了一个全新的时期，主要表现如下。

①出现高足桌和靠背椅，铺桌帷、垫椅单，开始使用细瓷餐具。

②唐中宗时出现大臣拜官后向皇帝进献“烧尾宴”的惯例，这种贡宴菜品多达五六十道，为宋、清两代超级大宴的调排奠定了基础。

③筵宴用料已从山珍扩大到海味，由畜禽拓展到异物，菜肴花式推陈出新，烹调工艺品日益精细。

④实行了分食制。

⑤酒令在此时发展很快，使得筵宴的气氛更为欢悦。

两宋时期，出现了专管民间吉庆宴会的“四司六局”。

（3）筵席的成熟兴盛时期

元明清时期，随着社会经济的繁荣以及各民族的大融合等，中国筵席日趋成熟，并逐渐走向鼎盛。

元朝筵席最突出之处是饮食品拥有了少数民族乃至异国情调，羊、奶菜品占有较大的比例。烈酒用量甚大，多用特制的“酒海”盛装，其容量可达数石。

明清时期筵席是筵席发展的鼎盛时期，这一时期筵席有5大特点：

①筵席设计有了较固定的格局。酒水冷碟、热炒大菜、饭点茶果3个层次依序上席。由“头菜”决定宴会的档次和规格。

②筵席用具和环境舒适、考究，设宴地点则常根据不同季节进行选择。

③筵宴设计注重礼仪和气氛。

④各式筵席名目众多，制作工艺精美。例如，清朝宫廷改元建号有定鼎宴，过新年元日宴，庆胜利有凯旋宴，皇帝大婚有大婚宴，过生日有万寿宴，太后生日有圣寿宴，另有冬至宴、宗室宴、乡试宴、恩荣宴、千叟宴等。其中，最有影响的是满汉全席，清中叶有110种菜，清末则达200多种。

⑤少数民族的酒筵蓬勃发展。

（4）筵席的繁荣创新时期

20世纪，特别是改革开放以后，中国人的生活条件和消费观念发生了很大的变化，在饮食上追求新、奇、特、营养、卫生，促进了筵席向更高境界发展，进入了筵席的繁荣创新时期，体现如下。

①传统筵席不断改良。由于时代的变革和人们消费观念的变化，传统筵席越来越显示出它的不足，如菜点过多、进间过长，过分讲究排场、营养比例失调、忽视卫生等问题，造成人、财、物和时间的严重浪费，损害了人们的身体健康。20世纪80年代开始尝试改革，力求在保持其独有饮食文化特色的同时，更加营养、卫生、科学、合理。

②创新筵席大量涌现，如姑苏茶肴宴、青春健美宴、西安饺子宴、杜甫诗意宴、秦淮景点宴等。这些筵席以原料开发、食疗养生见长，或以人文典故、地方风情见长。

③引进西方宴会形式，中西结合，筵席形式更加多样。

我国筵席是随着社会生产力和商品经济的发展而逐步形成的，它与政治、经济、文化、技术甚至时尚等都有着密切的关系。筵席演变的全部过程，规模由小到大，美馔由简到繁又由繁趋简，呈曲线形，并随着商品生产和商品交换的发展而日臻完善。其发展趋势是全席将逐渐减少，菜点向少而精方面发展，菜点制作将更加符合营养卫生要求，筵席将更突出民族特点、地方风味特色。

7.1.3 筵席的种类

筵席的种类繁多，按照不同的标准可划分为不同的种类，常见的种类如下。

①按地方风味分类，分为京菜席、鲁菜席、苏菜席、川菜席、湘菜席等。

②按菜品数目分类，分为三四席、四六席、六六大顺席、九九长寿席、八八席、七星席、十大碗等。

③按主要用料分类，分为全凤席、全羊席、全鱼席、蛇宴、蟹宴、饺子宴等。

④按时令季节分类，分为除夕宴、端午宴、仲秋宴、重阳宴、春季筵席、夏季筵席、秋季筵席、冬季筵席等。

⑤按办宴目的分类，分为结婚宴、祝寿宴、乔迁宴、谢师宴、满月席等。

⑥按人名分类，分为孔府家宴、东坡宴、宫保席、谭家席、大千席等。

⑦按处所分类，分为车宴、船宴、野宴、游宴、醉翁亭宴等。

⑧按文化名城分类，分为荆州楚菜席、开封宋菜席、洛阳水席、成都田席等。

⑨按仿制年代分类，分为仿唐宴、仿宋宴等。

⑩按筵席的规格分类，分为普通筵席、中档筵席、高级筵席、特等筵席。

⑪按头菜名称分类，分为燕窝席、海参席、鱼翅席、鲍鱼席、猴头席等。

⑫按风景胜迹分类，分为长安八景宴、洞庭君山宴、羊城八景宴、西湖十景宴等。

⑬按名特原料分类，分为长白山珍宴、黄河金鲤宴、广州三蛇席、昆明鸡粽席等。

⑭按八珍分类，分为山八珍席、水八珍席、禽八珍席、草八珍席等。

⑮按民族分类，分为蒙古族全羊宴、朝鲜族狗肉宴、赫哲族鳇鱼宴等。

【想一想】

①什么是筵席？

②筵席具有哪些特征？

目标教学7.2 筵席的设计

中国筵席源远流长，素以隆重、典雅、精美、热烈而著称于世。筵席包括席桌上的菜点配置，菜点的上法、吃法，用餐陈设等。筵席的设计主要是指筵席的菜谱（或称菜单）设计制订，它是菜单排列组合的过程，是一个创造性的劳动。

7.2.1 筵席的结构

筵席是一种高级的饮宴形式，与日常就餐有着明显区别。筵席具有聚餐式、规格化和社交性的特征，是烹调工艺的集中反映、饮食文明的表现形式。筵席尽管种类繁多，菜点

各异、风味有别、档次悬殊，但大体上分作酒水冷碟、热炒大菜、饭点蜜果3大部分，多由鲜果、干果、冷菜、大菜、热炒菜、甜菜、点心、饭菜、茶酒等食品构成。

1）酒水冷碟

这是筵席的“前奏曲”。主要包括冷碟、饮品，间或辅以手碟、开席汤。要求开席见喜，小巧精细，诱发食欲，引人入胜。冷碟又称冷盘、冷荤、冷菜或拼盘，有单碟、双拼、三镶、什锦拼盘和花色主碟带围碟、看盘带食盘等多种形式，全系佐酒的冷食菜。冷菜具体的形式、数量和菜品的质量可以根据筵席的规格和性质来定。冷菜讲究配料、调味、刀面和装盘，要求量少质精、以味取胜，起到先声夺人、导入佳境的作用。“无酒不成席”，中式筵席中常见的酒水有白酒、黄酒、葡萄酒、药酒、啤酒、果汁、矿泉水和各种饮料茶水。适量饮酒，可以兴奋精神、增进食欲、增添谈兴、活跃宴间气氛。

2）热炒大菜

这是筵席的“主题歌”。它们全由热菜组成，属于筵席的躯干。热炒菜有单炒、双炒、三炒等形式，以单炒为主。其最大特色是色艳味鲜、嫩脆爽口。筵席中的热炒菜一般安排2～6道，或是分散跟在大菜之后，或是安排在冷碟与大菜之间。大菜，又称大件，它系筵席的主菜，素有“筵席台柱”之称。其总体特色是量大质贵，体现筵席规格。筵席中的大菜一般包括头菜、荤素大菜、甜食和汤品4项；传统的中国筵席的名称多由头菜来决定，如头菜是鱼翅，就叫“鱼翅席”。甜菜在筵席中也是不可缺少的，是在筵席接近尾声时上桌，一般用拔丝、蜜汁、果烩等烹饪方法。每桌筵席中一般有一道甜菜（或者甜汤），最多不可超过两道。在夏季则用冷冻法上凉的甜菜。如按上菜程序细分，则又有头菜、烤炸菜、二汤、热荤菜（可灵活编排、数目不定、原料各异）、甜菜、素菜和座汤之别。

3）饭点蜜果

这是筵席的“尾声”。它包括饭菜、主食、点心和果品等。饭菜是为佐饭而设置的“小菜”，以素为主，兼及荤腥。点心常随大菜、饭菜入席。一桌筵席配备点心的多少与品种粗细，取决于筵席的规格高低，一般2～4道。每道点心的多少根据就餐人数而定，应该每人最少分到一块。点心有甜咸之分，随菜肴的要求而定，要求小巧玲珑、以形取胜。筵席中的水果主要指鲜果，一些高级筵席中有时也加配蜜饯或果脯等水果制品。筵席中合理运用果品，可以调配营养，起到解腻、消食等作用。

4）筵席结构的均衡

筵席的规格档次不同，筵席中的冷菜、热菜和饭点水果构成成本比例也有所不同。一般来说，普通筵席是冷菜10%、热菜80%、饭点水果10%的成本比例构成，中档筵席是冷菜15%、热菜70%、饭点水果15%的成本比例构成，高档筵席是冷菜20%、热菜60%、饭点水果20%的成本比例构成，特档筵席是冷菜25%、热菜50%、饭点水果25%的成本比例构成。通常情况下，筵席的规格档次越高，冷菜和饭点水果所占的比例就相应越大，但热菜大菜始终居于主导地位。因而筵席的菜点结构必须把握突出热菜、突出大菜、突出头菜的“三突出”原则，做到组合合理、灵活调整、衔接有序。

7.2.2 筵席的设计和制作原则

筵席设计和制作是一种综合能力的体现。既然是大家共同来享用美食，当然不能按照某一个人的偏好来制订，而且要考虑荤、素、凉、热菜式的组合，走菜程序的安排。以下是筵席设计和制作的几点原则。

1）风格统一

筵席的风格统一，可以从两个方面来讲，首先是紧扣“席”名，发挥所长，显现风格。应充分展露本店的技术优势，尽量排进本店的名特物产、名菜名点，突出筵席的风味特色，力求振人口目，食后令人难忘。例如，川菜席就得是正宗的川味，闽菜席应有八闽的风情。其次是主次鲜明、突出重点。分清主次指热炒、凉菜、面点、水果要服从大件菜的需要，主行宾从、格调一致。突出重点，就是整桌筵席菜品中要突出大菜，大菜中又要突出头菜，使其用料、工艺与质地都要高出一筹，能带动全席。统一的风格其实体现的是一种和谐美。

2）工艺丰富

不论何种筵席，都应该根据不同需要灵活安排菜单。要注意选料、颜色、刀工、口味、烹饪方法、菜式造型以及盛装器皿等方面的搭配和变化。原料可有鸡、鸭、鱼、肉、豆、菜、果的配用；刀口可有块、段、片、条、丝、丁、茸的组合；色泽可有赤、橙、黄、绿、青、白、紫的变换；烹饪技法应有炒、烩、爆、炖、蒸、烤、拌的区别；口味要有酸、甜、苦、辣、咸、鲜、香的层次；质感须有酥、脆、软、糯、嫩、肥、爽的差异；器皿应有杯、盘、碗、碟、盅、盂、盆的交错；品种要有菜、点、饭、羹、汤、果、小吃的衔接。要避免菜点的单调和工艺的雷同，努力体现一种变化美。筵席安排也犹如一部精彩的戏剧，有序幕、高潮和尾声，表现在菜式上就是一个“变”字，整个筵席菜点要表达到“远处观花花相似，近处看花花不同”的意境。

3）形式典雅

筵席是吃的艺术也是吃的礼仪，要处理好美食与美景的关系。即要考虑进餐的环境因素，也要提高愉悦的情绪。所以，不仅要采用讲究的酒具、餐具和茶具，还可以选用应时应景的吉祥菜名，穿插成语典故，寄托诗情画意。可以安排适当数量的工艺大菜或者图案冷盘，展现技巧，寓教与食。总之，在物质享受的同时给人以精神享受，使纤巧之食同大千世界相映成趣。

4）内容科学

筵席的内容就是菜点和菜式点心的组合排列。内容的科学性既要考虑到客人的饮食习惯和口味习惯的合理性，又要考虑到菜单营养结构的科学性。人们赴宴，除了获得口感上、精神上的享受之外，主要还是借助筵席补充营养，调节人体机能。配置筵席菜点，要多从宏观上考虑整桌菜点的营养是否合理，而不能单纯累计所用原料营养素的含量；应考虑所用食品是否利于消化、便于吸收，以及原料之间的互补效应和抑制作用。应食品种类齐全，营养素比例适当，提倡高蛋白、高维生素、低热量、低脂肪；应适当增加植物性原料，使之保持在1/3左右；应控制菜品数量，突出筵席风味特色；应控制用盐量，以清鲜为主；应重视烹制工艺，突出原料本味；应按照节令变化调配口味，“春多酸、夏多苦、秋多辣、冬多咸，调以滑甘”。应注意菜肴滋汁、色泽和质地的变化。夏秋气温高，应是汁稀、色淡、质脆的菜居多，春冬气温低，要以汁浓、色深、质烂的菜为主。

5）确保盈利

在筵席菜单设计的过程中始终要把盈利放在第一位，同时要考虑到客人的需求，做到双赢。既要让客人从筵席菜单中得到满足，利益得到保护，又要通过合理有效的手段使菜单为自己的企业带来效益，这是我们工作的根本。

7.2.3 筵席菜单的编制方法

筵席菜单按其设计性质与应用特点分类，可分为固定式筵席菜单、专供性筵席菜单和点菜式筵席菜单。按菜品排列形式分类，可分为提纲式筵席菜单、表格式筵席菜单和框架式筵席菜单。筵席菜单设计的过程，分为3个阶段：设计前的调查研究、菜品设计和菜单设计的检查。

1）筵席菜单设计前的调查研究

根据菜单设计的相关原则，在菜单设计之前，首先应作好与筵席相关的各方面的调查，以保证菜单设计的可行性、针对性和高质量。调查得越具体，了解的情况越多，越能与顾客的要求相吻合。

（1）调查的内容

调查内容主要包括筵席的目的、性质，筵席主题或名字，主办人或单位；筵席的用餐标准，出席人数或筵席桌数，筵席日期及开席时间；宾客的年龄，生活地域，风俗习惯，饮食喜好与忌讳等。

（2）标准研究

首先对有条件办到的，应给予明确答复，让顾客满意；实在无法办到的，向顾客解释获得其谅解。其次将与筵席菜单设计直接相关的材料和其他材料分开处理。最后要辨清筵席菜单有关信息的主次、轻重关系。标准研究的过程是协调酒店与顾客关系的过程。

2）筵席菜单菜品设计

（1）确定菜单设计的核心目标

筵席菜单设计首先必须明确筵席的核心目标，才能逐一实现其他目标。目标是筵席菜单设计所期望实现的状态，筵席的核心目标由筵席的价格、筵席的主题及筵席的风味特色共同构成。筵席主题对菜单设计和整个宴饮活动有重要影响。筵席的价格是设计筵席菜单的关键性因素，与菜品成本和利润直接相连，涉及菜品的安排和顾客对这一价格水平筵席菜品的期望。建立目标对宴会菜单设计至关重要，因为有了明确的目标，才能实现期望的状态。

（2）确定筵席菜品的构成模式

筵席菜品的构成模式即筵席菜品格局，筵席的排菜格局，以筵席类型、就餐形式、筵席成本及规划菜品的数目为依据，细分出每类菜品的成本和具体数目。在此基础上，根据筵席的主题及风味特色定出关键性菜品，形成筵席菜单的基本构架。

（3）选择筵席菜品

明确整桌筵席所选菜品的种类、每类菜品的数量、各类菜品的大致规格后，需要确定筵席选用的菜品。一般来说，选择菜品一要围绕宾主的要求选择菜品，二要围绕着宴会主题选择菜品，三要围绕着价格选择菜品，四要围绕着主菜选择菜品，五要围绕着风味选择菜品，六要围绕着时令季节选择菜品，七要围绕厨师的技术特长选择菜品。同时，还应考虑货源供应、荤素比例、汤菜配置、菜点协调等因素。通过选择，使整桌菜品在数量与质量上与预期目标趋近一致，不太理想的菜品务必调换。

（4）编排菜单样式

总体原则是醒目分明、字体规范、易于识别、匀称美观。有些筵席菜单还有席单的“附加说明”，它是对筵席菜单的补充和完善，增强菜单的实用性，发挥其指导作用。

“附加说明”包含以下内容：介绍筵席的风味特色、适用季节和场合；介绍筵席规格、筵席主体及目的；列出所用的烹饪原料及器具，为办宴作准备；介绍席单出处及相关典故；介绍特殊菜品的要领及整个筵席的具体要求。

3）菜单设计的检查

筵席菜单设计完成之后，需要进行检查，检查包括以下内容。

（1）菜单设计内容的检查

检查是否符合筵席主题，价格标准与档次是否一致，菜点数量安排是否合理，风味特色和季节性是否鲜明，菜品是否体现多样化与合理膳食的要求，是否符合当地饮食民俗，体现地方风情。

（2）菜单设计形式的检查

检查菜目编排顺序是否合理，菜单编排的样式是否美观、醒目，是否与餐厅装饰风格相一致或者协调。

（3）菜单设计可行性的检查

检查原料能否保障供应、所需的器具是否完备、技术力量能否胜任等。

筵席菜单的设计，关系着筵席的成败，需要考虑各方面的问题，才能更好地服务于筵席。

【想一想】

①筵席菜单是由哪几部分构成？

②筵席设计应把握哪些原则？

③筵席菜单的菜品设计分哪几个阶段？

目标教学7.3 夏季筵席菜单设计

7.3.1 夏季普通筵席

1）成都净和酒楼婚宴套餐 899/ 桌

凉菜：樟茶鸭　鸿运笋子鸡　温拌肺片　百合南瓜　烧椒鲜菌　爽口黑木耳

热菜：白灼明虾　小米青菜煮辽参　泡菜烧青波　丰收全家福　神仙糯香肘　土豆乌鸡烧甲鱼　香辣牛排　剁椒芋儿蒸鸡　传统甜烧白　青菜钵　炒时蔬　每日炖品

小吃：紫薯饼　香煎玉米饼　乡村锅摊

赠送：水果拼盘

2）上官盛宴酒楼婚宴套餐 888 元 / 桌

凉菜：四荤三素（时令搭配）

热菜：香辣霸王蟹　双吃游水虾　青椒鲈鱼　上官旱蒸鸡　东坡鱼香肘　海味烧什锦　九香全鸭　农家香钵钵　白灼时蔬　带丝排骨汤

小吃：两道（时令搭配）

果盘：一款（时令搭配）

3）成都四方阁婚宴套餐 908 元 / 桌

凉菜：三荤三素一中盘（时令搭配）

热菜：银粉酸菜鱼　白灼虾　花椒木耳煨排骨　酸汤肥牛　秘制红烧肉　北京烤鸭（半只特）　墨鱼毛血旺　青笋红烧兔　清蒸鳜鱼　八宝南瓜　圆笼蒸肉　随饭菜一道

小吃：三道（时令搭配）

果盘：一款（时令搭配）

4）成都南宴人家婚宴套餐 688 元 / 桌

凉菜：葱香鸡　椒泥牛腱　沾水兔　椒麻鲍菇　巧拌岩耳　花仁萝卜干

热菜：金丝凤尾虾　芙蓉蛋蒸蟹　毛氏红烧肉　卤香茶树菇　笋香小黄牛　清蒸鲈鱼　仔姜牛蛙　鳝鱼粉丝　竹荪三鲜　外婆肘子　时蔬一道

煨汤：一道（时令搭配）

小吃：一道（时令搭配）

赠送：水果拼盘

7.3.2 夏季中档筵席

1）成都净和酒楼婚宴套餐 1 299 元 / 桌

凉菜：比翼双飞鸽　提篮小卖　温拌肺片　滋补虫草花　花枝翠柳　韭菜双仁

热菜：香汁焖鲍鱼　卤肉爆辽参　白灼明虾　清蒸多宝鱼　兰花牛掌　香米狮子头　丰收全家福　秘制红烧大雁　蜜汁樱桃肉　青菜钵　时蔬一道　每日炖品

小吃：紫薯饼　干烙玉米饼　北方水饺

赠送：水果拼盘

2）上官盛宴酒楼婚宴套餐 1 388 元 / 桌

凉菜：四荤四素（时令搭配）　西岭刺身拼

热菜：干烧鲍鱼仔　川椒霸王蟹　双吃大虾　港式佛跳墙　鸿运甲鱼　山药焖大雁　鲜椒黄沙鱼　金汤浸肥牛　野菌合家欢　小米煮时蔬　白果炖土鸡汤

小吃：三道（时令搭配）

精美果盘：一款

3）成都四方阁婚宴套餐 1 138 元 / 桌

凉菜：三荤三素一中盘（时令搭配）

热菜：糯米蒸蟹　腊鸭扒腐竹　黑椒牛仔骨　黑芝麻桃仁煨乌鸡　白灼虾　红汤什件　清蒸多宝鱼　霸王筒笋鸡　四方口口脆（脆）　海鲜芙蓉蛋　风味炒元宵

随饭菜：一道（时令搭配）

小吃：三道（时令搭配）

赠送：水果拼盘

4）真爱永恒宴 1 288 元 / 桌

锦绣刺身拼盘

凉菜：椒泥牛腱　深井烧鸭　沾水兔　干拌鸡　巧拌岩耳　花仁萝卜干

热菜：清蒸鳜鱼　金丝凤尾虾　金珠香辣蟹　香辣草原肚　青椒焖肚条　红烧甲鱼　干烧辽参　仔姜牛蛙　自贡扣肉　板栗烧猪尾　竹荪三鲜　云腿白菜　松茸炖土鸡

小吃：两道（时令搭配）

赠送：水果拼盘

7.3.3　夏季高档筵席

1）成都西藏饭店婚宴套餐 2 299 元 / 桌

凉菜：水晶香肴肉　翡翠乌参　棒棒鸡丝　干拌牛肚　风味酱萝卜　苏州香笋　泡椒木耳　芥香时蔬

热菜：黄油龙虾仔（3只）　香烤羊排　御膳富贵　干烧辽参　海盐和牛粒　清蒸鳜鱼　八宝甜美饭　上汤时蔬　野菌土鸡汤

随饭菜：两道（一荤一素）（时令搭配）

小吃：清汤面　萝卜酥　银耳羹

赠送：水果拼盘

2）成都聚友雅庭百年好合宴 1 888 元 / 桌

凉菜：跳水牛肉　鲜椒鸡　酸辣蜇头　竹海脆笋　蓝莓山药　蜜豆折耳根

热菜：白灼游水虾　豉椒多宝鱼　土豆烧甲鱼　家常肥肠鸡　孜味香酥兔　苗家牛腩　干锅仔排　茄子牛柳　金牌甜烧白　钵子口磨　白灼菜心　炝烧时蔬　桂圆土鸡　炒饭或米饭

小吃：港式蛋黄酥　养生银耳

赠送：精美果盘

3）鸾凤和鸣宴 2188 元 / 桌

凉菜：风味跳水兔　香菜鲳鱼扣　聚友田园鸡　美味萝卜丝　生拌茼蒿　木耳桃仁

热菜：观音茶香虾　豉椒多宝鱼　水晶锅巴蟹　明珠梅花参　西芹花枝片　家常肥肠鸡　干锅兔　芥蓝爽口肉　金牌甜烧白　开心娃娃菜　白灼菜心　清炒时蔬　松茸炖山鸡　炒饭或米饭

小吃：港式蛋黄酥　银耳羹

赠送：精美果盘

4）成都四方阁婚宴套餐 2028 元 / 桌

凉菜：三荤三素一中盘（时令搭配）

热菜：上汤焗龙虾　北京烤鸭（1只特）　黑芝麻桃仁煨乌鸡　银粉酸菜蟹　墨鱼毛血旺　圆笼酱肉　四方口口脆（特）　XO酱炒粉丝　红汤黄沙鱼　蜂窝玉米　蒸三样　随饭菜一道

小吃：一道（时令搭配）

水果拼盘：一道（时令搭配）

目标教学7.4　秋季筵席菜单设计

表7.1　一般秋季筵席菜单举例

属　性	菜　名	主要原料	烹调法	主色调	口　味
冷菜	酸椒拍黄瓜	黄瓜、酸椒	拌法	红绿相间	咸、酸
	红油拌肚丝	猪肚、大葱	拌法	鲜红	咸、鲜、辣

续表

属 性	菜 名	主要原料	烹调法	主色调	口 味
热荤	凉瓜炒牛肉	牛肉、凉瓜	炒法	绿	咸、鲜
	青椒炒腰花	猪腰、青椒、红椒	爆炒	红绿相间	咸、鲜
汤品	冬瓜海带汤	冬瓜、海带、排骨	炖法	本色	咸、鲜
大菜	香菇焗全鸡	土光鸡、香菇	焗法	酱红	咸、鲜
	糯香笼子骨	肉排、糯米	蒸法	浅酱	咸、鲜
	西兰花鲜鱿鱼	鲜鱿鱼、西兰花	炒法	绿、白	咸、鲜
	八宝荷叶鸭	光鸭、八宝料	蒸、酿	酱红	咸、鲜、香
	清蒸河上鲜	草鱼、姜、葱	蒸法	奶白	咸、鲜、香
素菜	醋熘大白菜	大白菜	熘法	白色	咸、鲜、微酸
主食	香葱蛋炒饭	米饭、葱、鸡蛋	炒法	绿、白、黄	咸、鲜、香
点心	双色炸馒头	面粉、炼奶	蒸、炸	白、黄	咸、鲜
甜品	美味清补凉	薏米、绿豆、龟苓糕	煮法	花色	清甜
水果	西瓜鲜果盘	西瓜	拼法	鲜红	清甜

表7.2 一般秋季筵席菜单举例

属 性	菜 名	主要原料	烹调法	主色调	口 味
冷菜	盐水煮花生	花生	煮法	本色	咸、香
	香卤腐竹丝	腐竹	浸、卤	酱红	咸、香
热荤	菜椒炒双脆	青、红椒、猪肚、猪天梯	炒法	红、绿、白	咸、鲜、辣
	韭菜炒虾米	虾米、韭菜	炒法	绿、红	咸、鲜
汤品	芥菜车螺汤	车螺、芥菜	煮法	绿	咸、鲜
大菜	豉油皇浸鸡	光鸡、姜、葱	浸法	酱红	咸、鲜、香
	野菌烧蹄筋	猪蹄筋、野菌	烧法	酱红	咸、鲜
	潮酸炒肚片	猪肚、芥菜酸、红菜椒	炒法	红、黄	咸、酸
	香菇扒大鸭	光鸭、干香菇	扒法	酱红	咸、鲜、香
	清蒸罗非鱼	罗非鱼、姜、葱	蒸法	奶白	咸、鲜
素菜	蒜茸炒菜花	菜花、蒜米	炒法	绿	咸、鲜
主食	三鲜煮伊面	伊面、猪肝、瘦肉、粉肠	煮法	黄	咸、鲜
点心	三丝炸春卷	春卷皮、香菇、韭菜、豆芽	炸法	金黄	咸、鲜、香
甜品	红枣鸡蛋羹	红枣、鸡蛋、甜酒	煮、烩	黄	清甜
水果	鲜葡萄果盘	葡萄	拼法	紫	酸甜

表7.3　一般秋季筵席菜单举例

属　性	菜　名	主要原料	烹调法	主色调	口　味
冷菜	油炸香花生	花生米	炸法	红	咸、香
	葱油爆虾米	虾米	爆炒	红	咸、鲜
热荤	香芋炒肉丝	猪瘦肉、芋头	炒法	淡灰	咸、鲜
	青椒炒鳝鱼	鳝鱼，青、红菜椒	炒法	红、绿	咸、鲜、辣
汤品	皮蛋汤苦瓜	苦瓜、皮蛋	煮法	绿	咸、鲜
大菜	香麻手撕鸡	光母鸡、芝麻、葱	拌法	酱红	咸、鲜、香
	咸鱼茄子煲	茄子、咸鱼	煲法	酱红	咸、鲜、香
	铁板烧牛肉	牛肉、洋葱	烧法	酱红	咸、鲜、香
	板栗扣大鸭	光鸭、板栗	蒸扣	红	咸、鲜、香
	水浸河上鱼	草鱼、葱、姜	浸法	奶白	咸、鲜
素菜	豉油灼生菜	生菜	灼法	绿	咸、鲜
主食	三鲜炒河粉	米粉、猪肝、瘦肉、香菇	炒法	酱红	咸、鲜
点心	香麻炸软枣	糯米粉	炸法	金黄	香甜
甜品	薏米百合羹	薏米、百合	煮法	奶色	清甜
水果	香瓜鲜果盘	香瓜	拼法	白	清甜

表7.4　一般秋季筵席菜单举例

属　性	菜　名	主要原料	烹调法	主色调	口　味
冷菜	凉拌海带丝	海带、酸红椒	拌法	绿、红	咸、酸
	香麻炸鳅鱼	鳅鱼	炸法	褐	咸、鲜、香
热荤	韭黄炒滑蛋	鸡蛋、韭黄	炒法	黄	咸、鲜
	干笋回锅肉	猪五花肉、干笋	炒法	酱红	咸、鲜
汤品	鲜菇三鲜汤	猪肝、瘦肉、香菇	煮法	本色	咸、鲜
大菜	沙姜白切鸡	光母鸡、鲜沙姜	浸法	白	咸、鲜
	八珍豆腐煲	豆腐、八珍料	煲法	酱红	咸、鲜、香
	菠萝咕噜肉	猪枚头肉、菠萝	炸熘	酱红	酸、甜
	桂林啤酒鸭	光鸭、姜	焖法	酱红	咸、鲜、香
	酸辣禾花鱼	禾花鱼、酸椒	烧法	酱红	咸、辣
素菜	醋熘土豆丝	土豆	熘法	白	咸、酸
主食	鲜肉煮水饺	面粉、猪肉	煮法	白	咸、鲜
点心	芝麻炸大饼	面粉、芝麻	炸法	金黄	香甜
甜品	清凉绿豆沙	绿豆	煮法	绿	清甜
水果	哈密瓜果盘	哈密瓜	拼法	黄	清甜

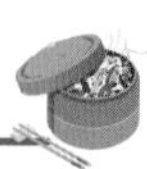

表7.5　中档秋季筵席菜单举例

属　性	菜　名	主要原料	烹调法	主色调	口　味
冷菜	葱油炝笋丝	笋丝、葱花	炝法	黄	咸、鲜
	凉拌海脆丝	海脆丝、蒜米、酸椒	拌法	红、白	咸、鲜、辣
	贡菜拌肚丝	猪肚、贡菜、蒜米、酸椒	拌法	绿、红、白	咸、鲜、辣
	五香卤牛腱	牛腱、香料	浸卤	深褐	咸、鲜、香
热荤	美果掌中宝	夏果、鸭掌、西芹、红萝卜	炒法	花色	咸、鲜
	西芹炒肚尖	猪肚头、西芹、红菜椒	炒法	绿、红	咸、鲜
汤品	野菌贡丸汤	贡丸、野菌	煮法	褐	咸、鲜
大菜	豉油皇乳蛤	乳蛤、姜、葱	浸卤	酱红	咸、鲜、香
	韭黄爆黄喉	猪黄喉、韭黄	爆炒	黄	咸、鲜
	鲜肉苦瓜酿	猪肉、苦瓜、香菇	煎焖	褐	鲜、香
	吊烧琵琶鸭	光鸭、姜、葱	烤法	酱红	鲜、香
	清蒸鲜鲈鱼	鲈鱼、姜、葱	蒸法	奶白	咸、鲜
素菜	蚝油西生菜	西生菜	拌法	绿	咸、鲜
主食	香葱鱼片粥	石斑鱼、姜、葱	煮法	奶白	咸、鲜
点心	广式马蹄糕	马蹄粉、马蹄、可可粉	蒸法	褐	爽口清甜
	蜜汁叉烧包	面粉、叉烧馅料	蒸法	奶白	甜、咸
甜品	爽口龟苓糕	龟苓粉	煮法	褐	爽口清甜
水果	时令鲜果盘	鲜果	拼法	多彩	清甜

表7.6　中档秋季筵席菜单举例

属　性	菜　名	主要原料	烹调法	主色调	口　味
冷菜	凉拌皮蛋	皮蛋、蒜米	拌法	褐绿	咸、鲜
	酥炸腰果	腰果	炸法	金黄	香甜
	香葱猪耳	猪耳、姜、葱、红油	拌法	绿、红	咸、鲜、辣
	椒盐鱼条	小鱼、姜、葱	炸法	金黄	咸、鲜、香
热荤	青椒炒腰花	猪腰、青椒	炒法	绿、褐	咸、鲜
	腰果炒鸡丁	鸡肉、腰果、西芹	炒法	花色	咸、鲜
汤品	鱼头豆腐汤	鱼头、豆腐、姜、葱	煮法	奶白	咸、鲜
大菜	茄汁煎大虾	海虾、姜、葱	煎法	鲜红	酸、甜、鲜、香
	铁板烧田鸡	田鸡、蒜米、辣椒	烧法	红、褐	咸、鲜、香
	荔芋扣肉香	猪五花肉、芋头	蒸扣	酱红	咸、鲜、香

续表

属　性	菜　名	主要原料	烹调法	主色调	口　味
大菜	蚝油焗乳鸽	乳鸽、香菇、姜、葱	焗法	酱红	咸、鲜
	醋熘松鼠鱼	鳜鱼、姜、葱	熘法	酱黄	酸、甜
素菜	上汤南瓜苗	南瓜苗	煮法	绿	咸、鲜
主食	韭黄上汤饺	饺子、韭黄	煮法	黄、白	咸、鲜
点心	五香芋头糕	糯米粉、芋头	蒸法	褐	咸、鲜
	牛肉生煎包	面粉、牛肉馅料	煎法	黄、白	咸、鲜
甜品	爽口八宝粥	八宝料	煮法	淡黄	清甜
水果	时令鲜果盘	鲜果	拼法	多彩	清甜

表7.7　中档秋季筵席菜单举例

属　性	菜　名	主要原料	烹调法	主色调	口　味
冷菜	花生拌粉皮	粉皮、花生	拌法	红	咸、鲜、辣
	芥末拌海蜇	海蜇、芥末	拌法	白	咸、辣
	卤水鸭掌翅	鸭掌、鸭翅	浸卤	深褐	咸、鲜、香
	酱爆漓江虾	漓江虾	爆炒	鲜红	鲜、香
热荤	油泡鲜虾球	海虾、姜、葱、芦笋	油泡	鲜红	咸、鲜
	菠萝炒鸡片	鸡肉、菠萝、青椒	炒法	黄、白	咸、鲜、微酸
汤品	白果炖老鸭	老鸭、白果、姜、葱	炖法	浅黄	咸、鲜
大菜	姜葱焗花蟹	花蟹、姜、葱	焗法	鲜红	咸、鲜
	京都焗排骨	猪肉排、姜	焗法	鲜红	酸、甜、香
	富贵兰花片	西兰花、花枝片	爆炒	绿、白	咸、鲜
	酥炸荔芋盒	芋头、猪肉馅料	酥炸	金黄	咸、鲜、酥香
	果汁菠萝鱼	草鱼、姜、果汁	熘法	黄	酸、甜
素菜	上汤豌豆苗	豌豆苗	煮法	绿	咸、鲜
主食	生煎鲜肉饺	面粉、猪肉馅料	煎法	金黄	鲜、香
点心	纯正莲蓉包	面粉、莲蓉馅料	蒸法	奶白	香甜
	水晶龙凤糕	糯米、红枣、白莲、蛋黄糕	蒸法	黄、白	香甜
甜品	黑芝麻糊	糯米、芝麻	煮法	黑	清甜
水果	四鲜果盘	鲜果	拼法	多彩	清甜

表7.8　中档秋季筵席菜单举例

属　性	菜　名	主要原料	烹调法	主色调	口　味
冷菜	陈醋花生米	花生	浸泡	黄	酸、甜
	红油金针菇	金针菇	拌法	黄	鲜、辣、爽脆
	卤水鸭下巴	鸭下巴、姜、葱	浸卤	酱红	咸、鲜、香
	凉拌百叶肚	牛百叶肚、姜、葱、酸椒	拌法	红、黑	咸、鲜、微酸辣
热荤	酱爆花枝片	花枝片、姜、葱、蒜、芦笋	爆炒	绿、白	咸、鲜
	腰果鸡肾球	鸡肾、腰果、红萝卜	炒法	红、黄	咸、鲜
汤品	清润养肺汤	瘦肉、生鱼、西洋菜、红枣	炖法	奶白	咸、鲜
大菜	姜葱霸王鸡	光母鸡、姜、葱	浸法	黄	咸、鲜
	蒜香炸排骨	猪肉排、蒜米	炸法	金黄	咸、鲜、蒜香
	家乡瓜花酿	南瓜花、猪肉馅料	蒸法	黄	鲜、香
	铁板香牛肉	香牛肉、洋葱、红椒	烧法	红、褐	咸、鲜、香、微辣
	橙汁菊花鱼	草鱼、姜、葱、橙汁	熘法	黄	酸、甜
素菜	蒜茸西兰花	西兰花、蒜米	炒法	绿	咸、鲜、蒜香
主食	叉烧炒依面	依面、叉烧肉、葱、香菜	炒法	黄	咸、鲜
点心	三鲜虾饺皇	猪肝、瘦肉、虾仁、面粉	煮法	奶白	咸、鲜
	奶香莲花卷	面粉、牛奶、白糖、花生油	蒸法	奶白	奶香、味甜
甜品	西米奶露	西米、牛奶	煮法	奶白	清甜
水果	四鲜果盘	鲜果	拼法	多彩	清甜

表7.9　高档秋季筵席菜单

属　性	菜　名		主要原料	烹调法	主色调	口　味
冷菜	什锦象形拼盘		卤肉、鱼卷、午餐肉、叉烧、炸花生、西兰花	蒸、卤、拌、烤	多彩	咸、鲜、香、味浓
	四围碟	美极酱牛肉	牛肉、姜、葱	浸卤	酱红	鲜、香
		蚝油烧花菇	花菇	烧法	灰黑	鲜、香
		糖醋焗排骨	猪肉排	焗法	鲜红	酸、甜
		酸辣泡菜卷	泡菜、酸辣	腌法	红	酸、辣
热荤	腰果炒虾仁		虾仁、腰果、西芹	炒法	花	咸、鲜
	酱爆爽肚球		猪肚尖、红椒、姜、葱	酱爆	红	咸、鲜
汤品	木瓜炖鱼肚		鱼肚、木瓜、姜、葱	炖法	奶白	鲜、香

续表

属性	菜名	主要原料	烹调法	主色调	口味
大菜	花雕葱香鸡	光鸡、花雕酒	焗法	酱红	香、爽、滑
	东赢美极虾	明虾、青芥辣	煎、焗	红	鲜、香、微辣
	京葱牛仔骨	牛仔骨、大葱	烧法	酱红	爽、滑
	清汤浸时蔬	时蔬、皮蛋、咸蛋	浸法	绿、白	清、鲜
	麒麟东星班	东星斑、火腿片、冬菇	蒸法	红、白	清、鲜
素食	香菇扒菜胆	菜胆、香菇	扒法	绿、黑	咸、鲜
主食	五谷杂粮香	玉米、红薯、花生、芋头	蒸法	花色	咸、甜
点心	蜂巢荔芋角	熟澄面、芋头、肉馅	炸法	金黄	咸、甜
	酥皮莲蓉包	发酵面、油酥面、莲蓉馅	炸法	金黄	香甜
甜品	椰汁鲜奶露	鲜奶、椰汁	煮法	奶白	清甜
水果	时鲜果盘	时果	拼法	多彩	清甜

表7.10　高档秋季筵席菜单

<table>
<tr><th>属性</th><th colspan="2">菜名</th><th>主要原料</th><th>烹调法</th><th>主色调</th><th>口味</th></tr>
<tr><td rowspan="5">冷菜</td><td colspan="2">金鱼戏莲</td><td>鱼糕、蛋白糕、卤肉、蛋黄糕、皮蛋、拌鸡丝、黄瓜</td><td>蒸、卤、拌、煮</td><td>多彩</td><td>咸、鲜、香、味浓</td></tr>
<tr><td rowspan="4">四围碟</td><td>豆豉鲮鱼</td><td>鲮鱼、豆豉</td><td>蒸法</td><td>黑</td><td>咸、鲜</td></tr>
<tr><td>烟熏鳅鱼</td><td>鳅鱼、熏料</td><td>熏法</td><td>黄</td><td>咸、鲜、香</td></tr>
<tr><td>酱爆鱿鱼</td><td>鱿鱼、姜、葱、辣椒</td><td>爆法</td><td>黄</td><td>咸、鲜、微辣</td></tr>
<tr><td>拌鱼腥草</td><td>鱼腥草、辣椒</td><td>拌法</td><td>奶白</td><td>微辣、清甜</td></tr>
<tr><td rowspan="2">热荤</td><td colspan="2">黑椒牛柳片</td><td>牛柳片、洋葱、红菜椒</td><td>炒法</td><td>深红</td><td>咸、鲜</td></tr>
<tr><td colspan="2">风味蒜香骨</td><td>肉排、蒜米</td><td>炸法</td><td>深红</td><td>酥香</td></tr>
<tr><td>汤品</td><td colspan="2">瑶柱鱼肚羹</td><td>鳝肚、瑶柱、蟹肉、冬菇</td><td>烩法</td><td>茶红</td><td>清、鲜</td></tr>
<tr><td rowspan="5">大菜</td><td colspan="2">金华玉树鸡</td><td>鸡、火腿、冬菇、菜心</td><td>浸、炒</td><td>多彩</td><td>爽滑</td></tr>
<tr><td colspan="2">高汤灼生虾</td><td>竹节虾</td><td>灼法</td><td>红</td><td>鲜、爽</td></tr>
<tr><td colspan="2">糖醋牛仔骨</td><td>牛仔骨、洋葱、番茄、青椒</td><td>炸、焗</td><td>酱红</td><td>爽滑、甜酸</td></tr>
<tr><td colspan="2">蟹肉扒菜胆</td><td>芥菜胆、蟹肉、蛋白</td><td>扒法</td><td>白、绿</td><td>清、鲜</td></tr>
<tr><td colspan="2">麒麟桂花鱼</td><td>桂花鱼、火腿、香菇</td><td>蒸法</td><td>白、黄</td><td>清鲜、嫩滑</td></tr>
<tr><td>素食</td><td colspan="2">金银蛋浸瓜花</td><td>皮蛋、咸蛋、瓜花</td><td>浸法</td><td>黄、白</td><td>清、鲜</td></tr>
<tr><td>主食</td><td colspan="2">澄面韭菜饺</td><td>韭菜、肉馅、澄面</td><td>蒸法</td><td>奶白</td><td>咸、鲜</td></tr>
<tr><td rowspan="2">点心</td><td colspan="2">广式马蹄糕</td><td>马蹄粉、可可粉、马蹄</td><td>蒸法</td><td>绿、白</td><td>甜、爽口</td></tr>
<tr><td colspan="2">岭南叉烧酥</td><td>叉烧、面粉</td><td>烤法</td><td>金黄</td><td>酥香</td></tr>
<tr><td>甜品</td><td colspan="2">红枣甜酒羹</td><td>红枣、甜酒、鸡蛋</td><td>煮法</td><td>红、黄</td><td>甜香</td></tr>
<tr><td>水果</td><td colspan="2">什锦水果拼</td><td>鲜果</td><td>拼法</td><td>多彩</td><td>清甜</td></tr>
</table>

表7.11 高档秋季筵席菜单

<table>
<tr><th>属 性</th><th colspan="2">菜 名</th><th>主要原料</th><th>烹调法</th><th>主色调</th><th>口 味</th></tr>
<tr><td rowspan="5">冷菜</td><td colspan="2">芝麻乳猪全体</td><td>乳猪、黄瓜、大葱</td><td>烤法</td><td>金红</td><td>甘、香、酥脆</td></tr>
<tr><td rowspan="4">四围碟</td><td>灯影牛肉</td><td>牛肉</td><td>卤法</td><td>酱红</td><td>甘、香、味浓</td></tr>
<tr><td>酱香菠菜</td><td>芝麻、菠菜</td><td>拌法</td><td>绿</td><td>咸、鲜、香</td></tr>
<tr><td>醋泡黄瓜</td><td>黄瓜、酸椒</td><td>泡法</td><td>绿</td><td>酸、甜</td></tr>
<tr><td>酸椒泡菜</td><td>泡菜、酸椒</td><td>泡法</td><td>黄</td><td>酸、甜、辣</td></tr>
<tr><td rowspan="2">热荤</td><td colspan="2">美果带子丁</td><td>鲜带子、西芹、甘笋、腰果</td><td>炒法</td><td>红、绿、白、黄</td><td>清、鲜、爽滑</td></tr>
<tr><td colspan="2">兰花炒双脆</td><td>花枝片、贵妃蚌、西兰花</td><td>炒法</td><td>白、绿、黄</td><td>清、鲜、爽</td></tr>
<tr><td>汤品</td><td colspan="2">双冬炖甲鱼</td><td>甲鱼、花菇、冬笋</td><td>炖法</td><td>黄</td><td>咸、鲜、浓香</td></tr>
<tr><td rowspan="5">大菜</td><td colspan="2">高汤灼生虾</td><td>竹节虾</td><td>灼法</td><td>红</td><td>鲜、爽</td></tr>
<tr><td colspan="2">当红脆皮鸡</td><td>光鸡、姜、葱</td><td>炸法</td><td>大红</td><td>咸、鲜、爽滑</td></tr>
<tr><td colspan="2">粉丝蒸扇贝</td><td>扇贝、粉丝、蒜米</td><td>蒸法</td><td>奶白</td><td>咸、鲜、蒜香</td></tr>
<tr><td colspan="2">香拌驴肉丝</td><td>驴肉、香菜</td><td>拌法</td><td>酱红</td><td>咸、鲜</td></tr>
<tr><td colspan="2">清蒸海红斑</td><td>红斑鱼</td><td>蒸法</td><td>鲜红</td><td>清、鲜</td></tr>
<tr><td>素食</td><td colspan="2">蠔皇扒时蔬</td><td>鲜菇、北菇、金针菇、生菜</td><td>扒法</td><td>褐黄、绿</td><td>清、爽</td></tr>
<tr><td>主食</td><td colspan="2">鲜虾蒸肠粉</td><td>虾仁、米粉、香菇、姜、葱</td><td>蒸法</td><td>奶白</td><td>咸、鲜、爽滑</td></tr>
<tr><td rowspan="2">点心</td><td colspan="2">香甜九层糕</td><td>马蹄粉、可可粉、马蹄</td><td>蒸法</td><td>绿、白</td><td>甜、爽口</td></tr>
<tr><td colspan="2">酥香萨其玛</td><td>面粉、鸡蛋</td><td>炸、拌</td><td>黄</td><td>甜、爽口</td></tr>
<tr><td>甜品</td><td colspan="2">桂圆百合羹</td><td>百合、桂圆</td><td>煮法</td><td>黄、白</td><td>清甜</td></tr>
<tr><td>水果</td><td colspan="2">时鲜果盘</td><td>鲜果</td><td>拼法</td><td>多彩</td><td>清甜</td></tr>
</table>

表7.12 高档秋季筵席菜单

<table>
<tr><th>属 性</th><th colspan="2">菜 名</th><th>主要原料</th><th>烹调法</th><th>主色调</th><th>口 味</th></tr>
<tr><td rowspan="5">冷菜</td><td colspan="2">烧卤大拼盘</td><td>乳猪、烧鹅、牛展、海蜇
黄瓜、炸花生</td><td>烤、卤、
拌、炸</td><td>多彩</td><td>咸鲜、爽脆、甘香</td></tr>
<tr><td rowspan="4">四围碟</td><td>柠香泡椒卤凤爪</td><td>凤爪</td><td>泡法</td><td>奶白</td><td>酸、辣、爽口</td></tr>
<tr><td>凉拌海米芹菜</td><td>芹菜、海米</td><td>拌法</td><td>绿</td><td>咸、鲜</td></tr>
<tr><td>银芽拌海蜇皮</td><td>海蜇皮、豆芽</td><td>拌法</td><td>奶白</td><td>咸、鲜、爽脆</td></tr>
<tr><td>秘制老醋花生</td><td>花生</td><td>泡法</td><td>本色</td><td>清、香、酸</td></tr>
<tr><td rowspan="2">热荤</td><td colspan="2">兰花蹄根鸭掌</td><td>蹄根、去骨鸭掌、西兰花</td><td>扒法</td><td>黄、绿</td><td>清、鲜、爽</td></tr>
<tr><td colspan="2">腰果鲜带子</td><td>鲜带子、腰果、西芹</td><td>炒法</td><td>多彩</td><td>鲜、爽、脆</td></tr>
<tr><td>汤品</td><td colspan="2">金汤蚧黄翅</td><td>鱼翅、蟹黄、顶汤、南瓜</td><td>烩法</td><td>金黄</td><td>清、香、软滑</td></tr>
</table>

续表

属性	菜名	主要原料	烹调法	主色调	口味
大菜	当红子鸡	光鸡	炸法	大红	嫩滑
	红烧水鱼	水鱼、火腩、香菇、蒜米	焖法	酱红	气香、味浓
	核桃虾仁	虾仁、核桃仁	炸、炒	红、绿、金黄	甘香、爽脆
	花菇菜心	花菇、菜心	炒、扒	褐、绿	清、爽
	清蒸石斑鱼	石斑鱼	蒸法	奶白	清、鲜
素食	鸡油西生菜	西生菜	拌法	绿	清、鲜
主食	牛肉生煎包	面粉、牛肉馅	煎法	金黄	咸、鲜
点心	鲜虾菜肉饺	面粉、肉馅、虾仁	生煎	奶白	咸、鲜
	灌汤小笼包	面粉、肉馅	蒸法	褐白	咸、鲜
甜品	香芋西米露	西米、芋头、牛奶	煮法	奶白	清甜
水果	时鲜果盘	鲜果	拼法	多彩	清甜

目标教学7.5 冬季筵席菜单设计

表7.13 一般冬季筵席菜单举例

属性	菜名	主要原料	烹调法	主色调	口味
冷菜	糖醋腌仔姜	仔姜、酸椒	腌法	黄	酸、甜、微辣
	麻辣百叶肚	牛百叶、酸椒	拌法	褐	麻、辣
热荤	芹菜炒腊肉	腊肉、芹菜	炒法	绿、黄	咸、鲜
	花生爆肉丁	猪肉、花生、青椒	爆法	红、绿	咸、鲜、辣
汤品	紫菜三鲜汤	猪肝、瘦肉、紫菜	煮法	紫	咸、鲜
大菜	脆皮童子鸡	光鸡	炸法	金黄	咸、鲜、脆香
	黄豆牛尾煲	牛尾、黄豆	煲法	酱红	咸、鲜、浓香
	荔芋香扣肉	猪五花肉、芋头	蒸扣	酱红	咸、鲜、浓香
	家常焖蛋饺	鸡蛋、肉馅料	煎焖	鲜红	咸、鲜、微辣
	竹香禾花鱼	禾花鱼	炸法	金黄	咸、鲜、酥香
素食	清炒油麻菜	油麻菜	炒法	绿	咸、鲜
主食	咖喱蛋炒饭	米饭、咖喱、鸡蛋	炒法	黄	咸、鲜
点心	香煎南瓜饼	南瓜、面粉	煎法	金黄	甜香
甜品	甜酒鸡蛋羹	鸡蛋、甜酒	煮法	金黄	香甜
水果	香蕉鲜果盘	香蕉	拼法	黄	清甜

表7.14 一般冬季筵席菜单举例

属 性	菜 名	主要原料	烹调法	主色调	口 味
冷菜	挂霜花生米	花生、糖粉	挂霜	白	甜、脆
	红油猪耳朵	猪耳	拌法	酱红	鲜、辣、爽脆
热荤	香炒猪脸肉	猪脸肉、青、红椒	炒法	红、绿	咸、鲜、辣
	菜梗炒肉丸	肉丸、菜梗	炒法	白	咸、鲜
汤品	玉米煲龙骨	猪龙骨、鲜玉米	煲法	黄	咸、鲜
大菜	葱油焗全鸡	光母鸡、葱花	焗法	酱黄	咸、鲜、浓香
	萝卜牛腩煲	牛腩、萝卜、香菇	煲法	酱黄	咸、鲜、浓香
	酥炸漓江虾	漓江虾	酥炸	金黄	酥、香
	泡椒炒腰花	猪腰、泡椒	炒法	红、褐	咸、鲜、辣
	五柳糖醋鱼	草鱼、五柳料	熘法	酱红	酸、辣
素食	素炒土芹菜	芹菜	炒法	绿	咸、鲜、清香
主食	农家窝窝头	玉米粉、黄豆粉	蒸法	黄	香甜
点心	雪白流沙包	面粉、咸蛋黄、奶油	蒸法	白	咸、鲜
甜品	糯红薯糖水	红薯、冰糖	煮法	黄	甜香
水果	木瓜鲜果盘	木瓜	拼法	黄	清甜

表7.15 一般冬季筵席菜单举例

属 性	菜 名	主要原料	烹调法	主色调	口 味
冷菜	凉拌猪腰花	猪腰、姜、葱	拌法	褐	咸、鲜、微辣
	凉拌蛋皮丝	鸡蛋、葱	拌法	黄	咸、鲜
热荤	红椒炒牛肉	牛肉、红椒	炒法	红	咸、鲜
	酱爆猪天梯	猪天梯	爆法	白	咸、鲜、酱香
汤品	沙参玉竹煲鲫鱼	鲫鱼、沙参、玉竹	煲法	白	鲜香
大菜	脆皮风沙鸡	光鸡	炸法	金黄	鲜香
	威化焗排骨	排骨、虾片	焗法	黄	酸甜
	红枣猪手煲	猪手、红枣	煲法	酱黄	咸、鲜、香浓
	荷芹炒腊味	腊肉、荷兰豆、芹菜	炒法	绿	咸、鲜
	酸椒烧鲤鱼	鲤鱼、酸椒	烧法	酱黄	酸、辣、鲜香
素食	蒜茸上海青	上海青、蒜米	炒法	绿	咸、鲜
主食	干炒牛河粉	河粉、牛肉	炒法	酱黄	咸、鲜、香
点心	香煎玉米饼	玉米粉、鲜玉米	煎法	黄	香甜
甜品	香甜红豆沙	红豆	煮法	红	香甜
水果	樱桃番茄果盘	樱桃番茄	拼法	红	酸甜

表7.16　一般冬季筵席菜单举例

属　性	菜　名	主要原料	烹调法	主色调	口　味
冷菜	盐水毛豆	毛豆	煮法	黄	咸、鲜
	咸水鸭肫	鸭肫	卤法	褐	咸、鲜
热荤	酱爆八爪鱼	八爪鱼、姜、葱、蒜	爆法	酱黄	咸、鲜、酱香
	烧汁布袋茄	茄子、肉末	烧法	褐	鲜香
汤品	鳅鱼苦瓜汤	鳅鱼、苦瓜	煮法	白	咸、鲜
大菜	茶香熏全鸡	光母鸡、茶叶	熏法	黄	鲜香
	香芋排骨煲	排骨、芋头	煲法	酱黄	咸、鲜、香
	梅菜蒸扣肉	五花肉、梅菜	蒸扣	黄	咸、鲜、浓香
	铁板烧花腱	牛腱、洋葱、红椒	烧法	红、白	鲜香
	豆瓣干烧鱼	鲤鱼、肉末、姜、葱、蒜	烧法	黄	咸、鲜、浓香
素食	腐乳空心菜	空心菜	炒法	绿	咸、鲜
主食	鲜肉云吞面	鲜肉、云吞面	煮法	白	咸、鲜
点心	奶香莲花糕	面粉 牛奶	蒸法	白	甜香
甜品	苹果绿豆羹	绿豆、苹果	煮法	绿	清甜
水果	鲜菠萝果盘	菠萝	拼法	黄	酸甜

表7.17　中档冬季筵席菜单举例

属　性	菜　名	主要原料	烹调法	主色调	口　味
冷菜	醋泡凤爪	凤爪、酸椒	泡法	白	酸、甜、微辣
	凉拌双耳	木耳、银耳	拌法	黑、白	咸、鲜
	卤水牛腱	牛腱	卤法	褐	鲜香
	麻辣豆腐	豆腐	卤法	黄	麻、辣
热荤	美果掌中宝	掌中宝、腰果、西芹	炒法	多彩	咸、鲜
	顺德香酥骨	排骨	炸法	酱红	酸甜
汤品	滋补牛尾汤	牛尾、滋补料	煲法	奶白	咸、鲜、浓香
大菜	百花扒鱼脯	鱼胶、虾胶	扒法	黄、红	鲜香、细嫩
	荷香盐焗虾	海虾	焗法	红	鲜香
	木桶鱿鱼须	鱿鱼须	爆炒	酱红	鲜香
	金牌脆皮鸭	光鸭	烤法	金黄	酥香
	豉汁蒸白鳝	白鳝	蒸法	黑	鲜香、味浓
素食	清炒鲜韭黄	韭黄	炒法	黄	鲜甜
主食	五彩炒伊面	伊面、葱花、木耳、冬笋	炒法	花色	鲜香

续表

属 性	菜 名	主要原料	烹调法	主色调	口 味
点心	椰茸糯米团	糯米、椰茸	蒸法	色泽洁白	咸、鲜、爽口
	核桃奶黄糕	面粉、核桃、黄油、纯奶	蒸法	黄	甜香
甜品	银耳莲子羹	银耳、莲子	煮法	白	清甜
水果	时令鲜果盘	时果	拼法	多彩	清甜

表7.18 中档冬季筵席菜单举例

属 性	菜 名	主要原料	烹调法	主色调	口 味
冷菜	黄瓜拌鸡丝	鸡丝、黄瓜	拌法	绿、白	咸、鲜
	麻辣海带头	海带头	拌法	绿	麻、辣
	凉拌莲藕片	莲藕	拌法	白	咸、鲜
	卤味千层耳	猪耳	卤法	本色	咸、鲜、微辣
热荤	冬笋炒腊肉	腊肉、冬笋	炒法	黄	咸、鲜
	五香煎猪肝	猪肝	煎法	褐	咸、鲜、香
汤品	党参炖乌鸡	乌鸡、党参	炖法	奶白	鲜香
大菜	美极煎大虾	海虾	煎法	红	鲜香
	黄金海皇卷	鲜虾仁、鲜带子、蟹柳、洋葱	炸法	金黄	酥香
	无锡焗排骨	排骨	焗法	酱红	酸、甜
	罗汉扒大鸭	光鸭、木耳、银耳、冬笋	扒法	黄	鲜香、味浓
	煎封鲜鲳鱼	鲳鱼	煎法	酱黄	鲜香
素食	上汤黄花菜	黄花菜	煮法	黄	鲜香
主食	韭黄乌冬面	乌冬面、韭黄	煮法	黄、白	咸、鲜
点心	鸡丝炸春卷	鸡肉、豆芽、冬菇、春卷皮	炸法	金黄	咸、鲜、酥脆
	香麻炸软枣	莲蓉、糯粉、芝麻	炸法	金黄	软糯、香甜
甜品	桂圆百合羹	百合、桂圆	煮法	黄	清甜
水果	时令鲜果盘	时果	拼法	多彩	清甜

表7.19 中档冬季筵席菜单举例

属 性	菜 名	主要原料	烹调法	主色调	口 味
冷菜	香烤叉烧肉	猪五花肉	烤法	酱红	清甜
	凉拌蕨根粉	蕨根粉、酸椒	拌法	褐	咸、鲜、微辣
	金针拌海蜇	海蜇、金针菇	拌法	黄	咸、鲜、爽脆
	麻酱拌豆角	豆角	拌法	绿	麻、辣

续表

属　性	菜　名	主要原料	烹调法	主色调	口　味
热荤	双冬烧鱼腐	鱼腐、冬菇、冬笋	烧法	黄	咸、鲜
	花篮鲜虾丸	虾丸、西芹	炒法	红、绿	咸、鲜
汤品	雪梨杏仁煲猪肺	生鱼、瘦肉、野葛菜	煲法	奶白	清鲜
大菜	沙姜盐焗鸡	光母鸡	盐焗	黄	鲜香
	豉汁蒸竹蛏	竹蛏螺	蒸法	黑	咸、鲜
	粉蒸鲜肉排	肉排	蒸法	黄	鲜香
	荔芋香扣肉	猪五花肉、芋头	蒸扣	黄	鲜香、味浓
	清蒸黄鳝骨	黄鳝骨	蒸法	黄	咸、鲜、细嫩
素食	蚝油扒鲜菇	鲜菇	扒法	褐	咸、鲜
主食	牛肉炸酱面	牛肉、面条	煮法	酱黄	咸、鲜
点心	莲茸豆沙包	面粉、莲茸馅料	蒸法	奶白	香甜
	特式紫米饼	米粉、黑芝麻粉、糖	煎法	乌黑	香糯
甜品	香滑芝麻糊	炒芝麻粉、马蹄粉	煮法	灰黑	香甜
水果	时令鲜果盘	时果	拼法	多彩	清甜

表7.20　中档冬季筵席菜单举例

属　性	菜　名	主要原料	烹调法	主色调	口　味
冷菜	水晶凤爪	鸡脚、泡椒	泡法	白	酸、辣、爽口
	芝麻香芹	芹菜	拌法	绿	鲜香
	蒜泥白肉	五花肉、蒜米	拌法	奶白	清香、微辣
	凉拌皮蛋	皮蛋	拌法	灰黑	咸、鲜
热荤	干椒烟熏肉	熏肉、干椒	炒法	红、黑	咸、鲜、香
	西芹鲜带子	鲜带子、西芹	滑炒	清淡	爽口、脆嫩
汤品	墨鱼猪肚汤	猪肚、干墨鱼	炖法	奶白	咸、鲜
大菜	白灼大海虾	海虾	灼法	红	鲜甜、可口
	金牌香妃鸡	光母鸡	烤法	金黄	鲜香、肉嫩
	豉汁蒸排骨	排骨	蒸法	灰黑	咸、鲜
	红烧猪肉	五花肉	烧法	酱红	鲜香、爽口
	香滑生鱼球	生鱼、芦笋	滑熘	奶白	鲜滑
素食	奶油扒菜心	菜心	扒法	绿	鲜甜

续表

属 性	菜 名	主要原料	烹调法	主色调	口 味
主食	芝麻煎肉包	面粉、肉馅	煎法	金黄	香甜
点心	蟹黄干蒸烧卖	肉馅、面粉	蒸法	黄红	爽滑
	瑞士焗蛋卷	蛋糕、果酱	焗法	黄	软滑
甜品	红糖莲子羹	莲子、红糖	煲法	浇红	清甜
水果	时令鲜果盘	时果	拼法	多彩	清甜

表7.21 高档冬季筵席菜单举例

<table>
<tr><th>属 性</th><th colspan="2">菜 名</th><th>主要原料</th><th>烹调法</th><th>主色调</th><th>口 味</th></tr>
<tr><td rowspan="5">冷菜</td><td colspan="2">鸿运乳猪拼盘</td><td>乳猪、海蜇、牛展、熏蹄、黄瓜、大葱、炸花生</td><td>烤、卤、拌、熏</td><td>多彩</td><td>咸、鲜、甘香、味浓</td></tr>
<tr><td rowspan="4">四围碟</td><td>酱牛肉丝</td><td>牛肉、大葱</td><td>酱、拌</td><td>酱红</td><td>鲜香、味浓</td></tr>
<tr><td>凉拌干丝</td><td>豆腐皮、青椒、蒜米</td><td>拌法</td><td>绿、白</td><td>咸、鲜、微辣</td></tr>
<tr><td>拌西红柿</td><td>西红柿</td><td>拌法</td><td>红</td><td>酸甜</td></tr>
<tr><td>葱爆河虾</td><td>河虾、姜、葱</td><td>爆炒</td><td>红</td><td>咸、鲜</td></tr>
<tr><td rowspan="2">热荤</td><td colspan="2">笋尖金银尤</td><td>干鱿鱼、鲜鱿鱼、笋尖</td><td>炒法</td><td>黄白</td><td>鲜、爽</td></tr>
<tr><td colspan="2">碧绿玻璃球</td><td>虾球、芦笋</td><td>炒法</td><td>绿、红</td><td>咸、鲜、脆爽</td></tr>
<tr><td>汤品</td><td colspan="2">鸡丝生翅羹</td><td>鱼翅、鸡肉、笋肉、香菇</td><td>烩法</td><td>茶红</td><td>咸、鲜</td></tr>
<tr><td rowspan="5">大菜</td><td colspan="2">上汤焗龙虾</td><td>澳洲龙虾</td><td>焗法</td><td>红</td><td>鲜、爽</td></tr>
<tr><td colspan="2">荷香秋莲扣</td><td>猪五花肉、芋头、莲子</td><td>蒸、扣</td><td>酱黄</td><td>鲜香、味醇</td></tr>
<tr><td colspan="2">芝士焗青蟹</td><td>青蟹、姜</td><td>焗法</td><td>红</td><td>鲜、香</td></tr>
<tr><td colspan="2">花菇焖驼掌</td><td>驼掌、花菇</td><td>焖法</td><td>浅黄</td><td>软烂、醇香</td></tr>
<tr><td colspan="2">清蒸石斑鱼</td><td>石斑鱼</td><td>蒸法</td><td>奶白</td><td>味鲜、爽滑</td></tr>
<tr><td>素食</td><td colspan="2">野菌扒菜胆</td><td>菜胆、野菌</td><td>扒法</td><td>褐、绿</td><td>鲜、香</td></tr>
<tr><td>主食</td><td colspan="2">烟肉蛋炒饭</td><td>米饭、烟肉、青豆</td><td>炒法</td><td>多彩</td><td>软糯、咸鲜</td></tr>
<tr><td rowspan="2">点心</td><td colspan="2">风味榴莲酥</td><td>面粉、猪油、榴莲</td><td>炸法</td><td>浅黄</td><td>甜香</td></tr>
<tr><td colspan="2">腊味萝卜糕</td><td>粘米粉、萝卜、腊味</td><td>煎法</td><td>黄</td><td>咸香</td></tr>
<tr><td>甜品</td><td colspan="2">椰汁西米露</td><td>西米、马蹄粉、椰汁</td><td>煮法</td><td>白</td><td>清甜</td></tr>
<tr><td>水果</td><td colspan="2">时令鲜果盘</td><td>时果</td><td>拼法</td><td>多彩</td><td>清甜</td></tr>
</table>

表7.22　高档冬季筵席菜单举例

<table>
<tr><th>属　性</th><th colspan="2">菜　名</th><th>主要原料</th><th>烹调法</th><th>主色调</th><th>口　味</th></tr>
<tr><td rowspan="5">冷菜</td><td colspan="2">大展宏图</td><td>卤肉、鱼卷、火腿肠、叉烧、香菇、皮蛋、拌鸡丝</td><td>蒸、卤、拌、烤</td><td>多彩</td><td>咸、鲜、香</td></tr>
<tr><td rowspan="4">四围碟</td><td>五香牛肉</td><td>牛肉</td><td>卤、拌</td><td>酱红</td><td>鲜、香</td></tr>
<tr><td>怪味鸡丝</td><td>鸡肉</td><td>浸、拌</td><td>浅黄</td><td>鲜、香、辣</td></tr>
<tr><td>油焖香菇</td><td>香菇</td><td>油焖</td><td>褐</td><td>鲜、香</td></tr>
<tr><td>香卤腐竹</td><td>腐竹</td><td>卤、拌</td><td>浅黄</td><td>鲜、香</td></tr>
<tr><td rowspan="2">热荤</td><td colspan="2">芦笋炒鲜带</td><td>鲜带子、芦笋</td><td>炒法</td><td>绿、白</td><td>咸、鲜</td></tr>
<tr><td colspan="2">XO酱爆花枝片</td><td>花枝片</td><td>酱爆</td><td>酱黄</td><td>鲜、香</td></tr>
<tr><td>汤品</td><td colspan="2">蟹肉鱼肚羹</td><td>鳝肚、蟹肉、笋、香菇</td><td>烩法</td><td>淡黄</td><td>清鲜、嫩滑</td></tr>
<tr><td rowspan="5">大菜</td><td colspan="2">油泡鲜虾球</td><td>虾球</td><td>油泡</td><td>红</td><td>咸、鲜、爽口</td></tr>
<tr><td colspan="2">芙蓉蒸膏蟹</td><td>膏蟹、鸡蛋</td><td>蒸法</td><td>黄</td><td>鲜嫩</td></tr>
<tr><td colspan="2">鲍汁鸵鸟掌</td><td>鸵鸟掌</td><td>烧、扒</td><td>酱红</td><td>软嫩、醇香</td></tr>
<tr><td colspan="2">虾子扒辽参</td><td>辽参、虾子、笋肉、鸡肉</td><td>扒法</td><td>褐、黄</td><td>软滑</td></tr>
<tr><td colspan="2">清蒸桂花鱼</td><td>桂花鱼</td><td>蒸法</td><td>奶白</td><td>咸、鲜、嫩滑</td></tr>
<tr><td>素食</td><td colspan="2">蟹黄扒菜心</td><td>菜心、蟹黄</td><td>扒法</td><td>黄、绿</td><td>咸、鲜</td></tr>
<tr><td>主食</td><td colspan="2">金银蛋炒饭</td><td>米饭、虾仁、火腿、青豆</td><td>炒法</td><td>多彩</td><td>清鲜</td></tr>
<tr><td rowspan="2">点心</td><td colspan="2">象形白兔饺</td><td>澄面、虾仁</td><td>蒸法</td><td>白</td><td>咸、鲜</td></tr>
<tr><td colspan="2">奶黄煎酥包</td><td>面粉、奶黄馅</td><td>煎法</td><td>金黄</td><td>甜香</td></tr>
<tr><td>甜品</td><td colspan="2">莲蓉汤圆蛋</td><td>汤圆、鸡蛋、莲蓉</td><td>煮法</td><td>淡黄</td><td>滑润、香甜</td></tr>
<tr><td>水果</td><td colspan="2">时令鲜果盘</td><td>时果</td><td>拼法</td><td>多彩</td><td>清甜</td></tr>
</table>

表7.23　高档冬季筵席菜单举例

<table>
<tr><th>属　性</th><th colspan="2">菜　名</th><th>主要原料</th><th>烹调法</th><th>主色调</th><th>口　味</th></tr>
<tr><td rowspan="5">冷菜</td><td colspan="2">熊猫戏竹</td><td>鸡肉、鱼卷、蛋卷、卤肉、黄瓜、紫菜、午餐肉</td><td>蒸、卤、拌、煮</td><td>多彩</td><td>咸、鲜、香、味浓</td></tr>
<tr><td rowspan="4">四围碟</td><td>香卤猪心</td><td>猪心</td><td>卤法</td><td>褐</td><td>咸、鲜</td></tr>
<tr><td>酱爆鱿鱼</td><td>鱿鱼</td><td>酱爆</td><td>褐</td><td>咸、鲜、香</td></tr>
<tr><td>芝麻杏仁</td><td>杏仁</td><td>炸法</td><td>淡黄</td><td>酥香</td></tr>
<tr><td>蒜茸凉瓜</td><td>苦瓜</td><td>炒法</td><td>绿色</td><td>凉苦</td></tr>
<tr><td rowspan="2">热荤</td><td colspan="2">翡翠鲜虾仁</td><td>西芹、虾仁</td><td>滑炒</td><td>鲜艳</td><td>清淡、鲜香</td></tr>
<tr><td colspan="2">油泡响螺片</td><td>螺片</td><td>油泡</td><td>奶白</td><td>咸、鲜</td></tr>
<tr><td>汤品</td><td colspan="2">上汤炖鱼翅</td><td>鱼翅</td><td>炖法</td><td>淡黄</td><td>鲜、香</td></tr>
</table>

续表

属　性	菜　名	主要原料	烹调法	主色调	口　味
大菜	百花黑椒蟹	花蟹、虾胶	蒸、炒	红、黑	鲜香、味浓
	双冬扣甲鱼	甲鱼、冬菇、冬笋	蒸扣	黄	鲜香、味醇
	玉环瑶柱脯	瑶柱、冬瓜、生菜	蒸扣	淡黄	鲜、香
	家乡酿田螺	田螺、肉馅	焖法	酱黄	鲜香、微辣
	清蒸多宝鱼	多宝鱼	蒸法	奶白	鲜滑、细嫩
素食	西芹炒百合	腰果、西芹、百合	炒法	绿白相间	清香、爽口
主食	韭黄焖伊面	伊面、韭黄、香菇	焖法	黄	鲜、香
点心	象形雪梨果	澄面、猪肉、土豆	蒸法	白	咸、鲜
	珍珠咸水角	糯米粉、澄面、猪肉	炸法	黄	咸、鲜
甜品	椰香汤圆蛋	汤圆、鸡蛋、椰汁	煮法	淡黄	清甜
水果	时令鲜果盘	时果	拼法	多彩	清甜

表7.24　高档冬季筵席菜单举例

<table>
<tr><th>属　性</th><th colspan="2">菜　名</th><th>主要原料</th><th>烹调法</th><th>主色调</th><th>口　味</th></tr>
<tr><td rowspan="5">冷菜</td><td colspan="2">象山水月</td><td>卤牛肉、拌鸡丝、烤叉烧、香菇、红肠、琼脂</td><td>蒸、卤、烤、煮</td><td>多彩</td><td>鲜、香、味浓</td></tr>
<tr><td rowspan="4">四围碟</td><td>琥珀桃仁</td><td>桃仁</td><td>蜜汁</td><td>淡黄</td><td>清甜、爽脆</td></tr>
<tr><td>三味瓜条</td><td>黄瓜</td><td>拌法</td><td>绿</td><td>咸、鲜、微辣</td></tr>
<tr><td>五香肘花</td><td>猪肘</td><td>卤法</td><td>酱黄</td><td>鲜、香</td></tr>
<tr><td>卤金钱肚</td><td>金钱肚</td><td>卤法</td><td>淡黄</td><td>鲜、香</td></tr>
<tr><td rowspan="2">热荤</td><td colspan="2">XO酱爆鹿肉</td><td>鹿肉</td><td>酱爆</td><td>酱黄</td><td>鲜、香</td></tr>
<tr><td colspan="2">富贵鲜带子</td><td>西兰花、鲜带子</td><td>炒法</td><td>绿、白</td><td>咸、鲜</td></tr>
<tr><td>汤品</td><td colspan="2">蛤蚧汽锅鸡</td><td>光母鸡、蛤蚧</td><td>炖法</td><td>淡黄</td><td>鲜、香</td></tr>
<tr><td rowspan="5">大菜</td><td colspan="2">蟹黄烧鱼肚</td><td>鱼肚、蟹黄</td><td>烧法</td><td>黄、白</td><td>鲜香、味浓</td></tr>
<tr><td colspan="2">鲍汁烧鞭花</td><td>牛鞭花、香菇</td><td>烧法</td><td>淡黄</td><td>鲜香、味浓</td></tr>
<tr><td colspan="2">芝士焗海虾</td><td>海虾</td><td>焗法</td><td>红</td><td>鲜、香</td></tr>
<tr><td colspan="2">壮乡大蒜酿</td><td>大蒜、鲜肉馅、香菇</td><td>蒸法</td><td>奶白</td><td>咸鲜</td></tr>
<tr><td colspan="2">清蒸武昌鱼</td><td>武昌鱼</td><td>蒸法</td><td>奶白</td><td>咸、鲜、细嫩</td></tr>
<tr><td>素食</td><td colspan="2">罗汉上素斋</td><td>斋料、菜心</td><td>烧法</td><td>黄、白</td><td>咸、鲜、柔滑</td></tr>
<tr><td>主食</td><td colspan="2">姜葱花蟹粥</td><td>花蟹、大米</td><td>煮法</td><td>奶白</td><td>鲜、香</td></tr>
<tr><td rowspan="2">点心</td><td colspan="2">蜂巢蛋黄角</td><td>咸蛋黄、澄面、猪肉</td><td>炸法</td><td>金黄</td><td>香甜</td></tr>
<tr><td colspan="2">叉烧千层酥</td><td>面粉、猪油、叉烧馅</td><td>炸法</td><td>黄</td><td>香甜、酥脆</td></tr>
<tr><td>甜品</td><td colspan="2">五仁豆沙羹</td><td>绿豆、五仁料</td><td>烩法</td><td>淡黄</td><td>清甜、爽滑</td></tr>
<tr><td>水果</td><td colspan="2">时令鲜果盘</td><td>时果</td><td>拼法</td><td>多彩</td><td>清甜</td></tr>
</table>

项目 8

初、中级从厨者职业能力拓展领域

拓展领域见目标教学8.1—目标教学8.7。

目标教学8.1　中餐厨房行政总厨岗位能力标准

工作领域	工作任务	职业能力
行政总厨	1.全面负责厨房的组织指挥和运转管理工作，最大化地创造经济和社会效益	1.1 掌握厨房生产与管理的业务知识 1.2 熟悉食品原料和烹饪工艺的基本原理及食品卫生知识 1.3 了解本专业的发展动态，掌握计算机管理和实用知识 1.4 熟悉有关政策和规章制度，包括《食品卫生及消防安全管理条例》《食品卫生及消防安全管理条例》等 1.5 具备政策执行力，能及时领悟领导意图，把握政策方向，能及时、准确地把政策精神传达到各部门并监督执行情况 1.6 具有较强判断能力，能及时有效地控制和处理突发事件 1.7 具有控制整个厨房的成本核算能力
	2.企业管理协调	2.1 能负责企业整个厨房日常工作调节和合理的人事安排 2.2 能及时做好厨房各部门之间的协调工作 2.3 能合理搭建厨房的组织机构，建立健全厨房的各项规章制度，并增强执行力 2.4 具有与各部门的协调和沟通能力 2.5 具备文字书写能力及沟通协调能力，能熟练地撰写工作报告、总结各部计划，能简明扼要地向下属下达工作指令 2.6 能负责企业整个厨房系统日常工作调节部门沟通 2.7 能有较强销售能力，掌握现代企业的营销知识
	3.做好员工管理，提高员工素质	3.1 对厨房员工的考查与评级进行总体把关和控制 3.2 能合理有效地调配厨房的物力和财力，调动下级的工作积极性，善于同有关部门沟通 3.3 负责组织企业厨房员工的技术培训规划和指导

续表

工作领域	工作任务	职业能力
行政总厨	4.负责大型宴会的菜单设计等工作	4.1 能及时准确地进行餐饮市场预测和制定标准，不断更新菜肴品种 4.2 掌握不同宾客的喜好、饮食禁忌等 4.3 了解菜点营养搭配、做到膳食平衡 4.4 具有各种菜单的编排搭配能力
	5.带领团队进行菜品创新	5.1 有较强的组织菜品创新能力 5.2 能开发与利用、继承与改良，在传统技法上注入时尚的创新元素 5.3 能在创新上做到注重食用与实用，增加可食性 5.4 能在菜品的装饰上做到新潮、简洁、大方、明快

目标教学8.2 中餐厨房厨师长岗位能力标准

工作领域	工作任务	职业能力
厨师长	1.在总厨领导下，进行厨房生产管理工作	1.1 能了解厨房每个员工的技术能力，合理安排使用，能分工明确、各尽其责 1.2 能最大限度地调动员工的工作积极性 1.3 能相互配合、协调完成各项任务 1.4 能协助总厨做好各项工作 1.5 制定厨房各岗位的操作规程及岗位职责，保证厨房工作正常进行
	2.组织筵席制作	2.1 能综合季节、价格、客人需求等方面正确编制出各类筵席菜单 2.2 能随时检查筵席制作加工过程，做到上菜有序、不出差错；负责保证并不断提高食品质量和特色，指挥大型宴会和重要宴会的烹调工作 2.3 能核算出菜品、酒水及整体筵席的毛利
	3.日常业务管理	3.1 能把好进、销、存关，保证进货质量 3.2 具有消防知识，及时发现问题，避免事故发生 3.3 能够及时处理突发事件，确保厨房生产正常运行 3.4 协助总厨建立健全厨房规章制度并监督执行 3.5 有较强的食品卫生安全意识，保证生产中食品安全
	4.指挥菜品制作及菜品创新	4.1 能熟练使用厨房中各种生产工具、设备、器材以及熟悉相关的保养等知识 4.2 正确把握烹饪工艺和方法，有较高的食品制作经验和水平 4.3 具有较强的烹饪理论知识并能合理运用，有较强的菜品创新能力 4.4 能掌握菜品的典故轶文、历史传承、人文文化等方面的知识 4.5 能结合市场供应、季节、节日等情况及时安排供应菜品 4.6 能学习和借鉴其他菜系的优势，不断提高菜品质量 4.7 能对菜品质量进行现场把关，重大任务则亲自操作以确保质量

目标教学8.3　中餐厨房头炉岗位能力标准

工作领域	工作任务	职业能力
头炉	1.统筹安排，进行厨房管理	1.1 熟知厨房管理制度 1.2 熟知厨房营运管理及运作模式 1.3 协助厨师长、副厨师长做好管理好炉子工作 1.4 了解二炉、三炉、尾炉的技术能力 1.5 要有清晰的思路 1.6 有较高的职业素养和个人魅力 1.7 有团队建设的协调能力 1.8 有应急处理能力 1.9 有火种的使用和点火方式进行岗前培训的能力 1.10 有能力进行味汁的统一调配、标准化管理
	2.菜品制作	2.1 根据菜品要求指导厨师进行初加工 2.2 根据原料质地要求进行初加工的指导 2.3 能为当天的高档菜品进行餐前预烹制 2.4 能根据标准化菜单对高档菜品进行烹制 2.5 能指点二炉进行中档菜品烹制 2.6 能掌握酒店烹制菜品的所有特点及烹制要领 2.7 敢于借鉴其他菜系的烹调方法
	3.严格要求菜品卫生	3.1 了解菜品要达到的卫生要求 3.2 了解原料性质特点、使用方法和国家规定不能使用的食品添加剂 3.3 所有用具要符合酒店的卫生要求
	4.技术指导	4.1 能指导二炉、三炉等按标准菜单进行菜品制作 4.2 对各炉子烹制出的问题菜品，能找出原因 4.3 对打荷工进行一定的技术培训 4.4 能要求各炉子做好安全生产工作
	5.收市管理	5.1 严格执行收市制度 5.2 能根据厨师长的要求进行收市工作的检查和指导 5.3 能贯彻厨师长的收市要求

目标教学8.4　中餐厨房头墩岗位能力标准

工作领域	工作任务	职业能力
头墩	1.原料下单	1.1 头脑清晰，了解头天的销售和第二天的预订情况 1.2 具有部门协调能力
	2.原料下单	2.1 能懂得原料的产地、季节、出料率、加工方法、鉴别方法和使用方法等 2.2 能负责制订本岗原料的领货计划 2.3 能开发新的菜式
	3.估清	3.1 能经常与炉子、餐厅、营业部联系和研究存货量 3.2 能清楚冰箱内原料分量是多少 3.3 能及时通知前台当日的菜品存货量
	4.原料保管、名贵干货刀工切配	4.1 能做好肉类货源计划 4.2 能负责熟料、名贵干货的刀工切配，能拆卸火腿等，能进行料头切配 4.3 能配制筵席菜单原料

续表

工作领域	工作任务	职业能力
头墩	5.管理冰箱	5.1 能了解原料性质，进行合理存放 5.2 能负责安排清洁冰箱 5.3 能定期清理冰箱内过期原料 5.4 能按时开、收档 5.5 能制作冰箱标牌，将原料的名称、保质期等信息标志清楚
	6.管理培养其他“墩子”	6.1 能带好徒弟，做好教研活动 6.2 能指导下面岗位工作 6.3 能全面指挥墩子的生产技术 6.4 能开发新的菜式
	7.量化管理	7.1 能制定投料标准 7.2 能了解储存量和销售情况 7.3 能把握原料的出料率 7.4 了解进货价格、毛利率、出料率 7.5 养成良好的职业能力

目标教学8.5 中餐厨房荷王岗位能力标准

工作领域	工作任务	职业能力
荷王	1.制作盘饰	1.1 能掌握制作基本盘饰的技巧 1.2 能合理搭配菜品盘饰 1.3 能对菜品有一定的审美能力
	2.领原料及调料	2.1 能认识、分辨一般的原材料 2.2 能了解一般调料的用途 2.3 能保管好领取的原料和调料 2.4 能正确分配并使用原料及调料
	3.调制酱味料汁	3.1 能掌握各个菜品所需酱汁的调配方法 3.2 能创新酱汁 3.3 能正确调配符合质量要求的酱汁
	4.全面负责指挥中线的技术操作	4.1 能负责做好上菜的准备工作，指挥上菜的次序 4.2 能做好与餐厅部、砧板岗、烧腊部的沟通和协调工作 4.3 能每天做好领货计划，辅导下面岗位的技术操作 4.4 能熟练掌握所有打荷业务
	5.留样	能对当日筵席菜品及时留样

目标教学8.6 中餐厨房冷菜组长岗位能力标准

工作领域	工作任务	职业能力
冷菜组长	1.提前上岗做好工作分配准备	1.1 巡视、查看昨日打烊后收捡工作情况 1.2 验收昨日所下购货单各料是否到齐、有无质量问题 1.3 了解和掌握当日宴会或预订的冷菜量

续表

工作领域	工作任务	职业能力
冷菜组长	2.安排当日工作	2.1 具备良好的语言组织能力，开好班前会，总结餐供得失 2.2 能布置加工制作当日餐供冷菜彩盘 2.3 能安排领取欠缺的调味料 2.4 能安排将消毒洁净的各种盘碟器皿准备到岗
	3.食材加工	3.1 能正确加工各种荤素原料并示范指导 3.2 取舍正确、物尽其用 3.3 加工全程将卫生质量放在首位 3.4 严格执行各种刀工成形的规格要求
	4.调味	4.1 熟谙各种调味料的特性及含盐量，准确并量化调和出味 4.2 对调辅料（佐料）的加工要细微精到，示范并检查 4.3 调制时对各料的先后顺序熟练有加 4.4 调成后坚持做到实料蘸味试味或直接试味 4.5 能了解、熟悉运用各种新调味酱料，不时推出新味型
	5.冷菜烹调及制作	5.1 能熟练掌握荤素食材的冷菜烹调方法和制作方法 5.2 能根据不同食材控制好烹制的油温、火候 5.3 能给非火力制作的冷菜选择适宜的制作方法 5.4 能够熟练掌握任何食物焦化后即会产生毒副作用的知识 5.5 能根据不同餐标的宴会设计出与之相称的冷菜 5.6 能保证做到把食品卫生、安全放在首位 5.7 能为第二天所需各料写申购清单 5.8 能了解、认识、探索、运用新食材，不断推出新冷菜品 5.9 学习借鉴、取长补短，综合诸方优势，提升冷菜品位
	6.冷菜装盘及盘饰	6.1 能以不同冷菜配以不同盛具，做到款式多样化 6.2 能做到凡是要求刀口刀面的冷菜装得不松不垮、刀口清晰 6.3 能做到任何冷菜量化适中、紧实、宽松适度 6.4 能设计多样化的精巧盘饰点缀，使之锦上添花 6.5 能够拼摆出形象生动的多种彩盘工艺菜
	7. 应急解难	7.1 能够灵活制作客人要求的非供需菜品 7.2 当宴会桌数超量时，能快速组合食材做出菜肴，满足客人要求 7.3 能灵活应对特殊情况，当发生人手短缺时，能争分夺秒地准时供餐 7.4 能服从上司、相互沟通、协调关系，做到合作愉快
	8.设备、人员管理	8.1 能及时发现有故障或已损坏的设备设施，及时报修或更换 8.2 能坚持做好月盘点，保证获取合理利润 8.3 能做好传帮带，做到教学相长，彼此都有进步，后继有人
	9.深度钻研冷菜营养组合	9.1 具备丰富的营养知识 9.2 能增加富含膳食纤维的菜品 9.3 能根据营养知识研究新食材及新酱料的新组合，使人体多渠道摄取养分 9.4 能了解哪些食物相克，避免营养素抵消或产生副作用 9.5 荤素搭配得当、营养组合适中、成菜少失营养素，以减少营养素的流失

目标教学8.7　中餐厨房面点组长岗位能力标准

工作领域	工作任务	职业能力
面点组长	1.全面安排好点心部日常工作任务，合理调节劳动力的使用	1.1 有熟练制作点心的全面技术 1.2 能掌握不同季节的原料特点、产地和使用方法制作点心 1.3 具有创新开发新产品的能力 1.4 能根据企业销售的需求合理安排各类品种产量 1.5 能组织实施“六常”管理规范化
	2.控制产品质量	2.1 抓好质量和产销规律 2.2 把好进货质量关，严格按照食品安全法进行验收 2.3 冰箱内原料应贴名称、存放时间 2.4 能熟练掌握原料、半成品保管的知识
	3.各类中西点的面性了解	3.1 根据不同品种的要求，使用不同的面团，生产和制作符合质量要求的点心和小吃 3.2 能应用各种原材料开发创新营养新品种 3.3 能熟练掌握各类面团的面性、成形手法及熟制方法
	4.设施设备使用及维护保养	4.1 熟悉各类设施设备的性能及使用方法 4.2 设施设备应及时清洗和保养 4.3 能指导工作人员正确使用各类设施设备
	5.具有系统的专业理论和有关科学知识，有培养面点师的能力	5.1 具有较高的专业理论知识，能撰写专业文章 5.2 在继承传统面点制作技艺基础上，不断创新改进工艺，具有传授厨工技艺的能力 5.3 能编写面点教材，胜任中等专业学校的教学工作
	6.成本核算，卫生工作	能根据季节和原料价格的变化，变换创新点心，做好成本核算，使点心的售价毛利得到合理控制

参考文献

[1] 于保政.餐馆赢在出品[M].北京：中国物资出版社，2010.
[2] 施涵蕴.菜单计划与设计[M].沈阳：辽宁科学技术出版社，1996.
[3] 周妙林.宴会设计与运作管理[M].南京：东南大学出版社，2009.
[4] 吕懋国.红案：菜品烹制技法[M].成都：四川科学技术出版社，2003.
[5] 龙青蓉.川菜制作实验技术教程[M].成都：四川人民出版社，2000.
[6] 庄永全，王振才.中式热菜制作[M].北京：高等教育出版社，2009.
[7] 谢定源.中国名菜[M].2版.北京：中国轻工业出版社，2005.
[8] 陈勇.中餐烹饪基础[M].重庆：重庆大学出版社，2013.